浙江省气象声讯服务手册

梁晓妮◎主编

U0951089

气象出版社
China Meteorological Press

图书在版编目(CIP)数据

浙江省气象声讯服务手册/梁晓妮主编. —北京：气象出版社，2014.4
ISBN 978-7-5029-5914-2

Ⅰ. ①浙… Ⅱ. ①梁… Ⅲ. ①气象服务-浙江省-手册 Ⅳ. ①P451-62

中国版本图书馆 CIP 数据核字(2014)第 062902 号

浙江省气象声讯服务手册

出版发行：气象出版社
地　　址：北京市海淀区中关村南大街 46 号　　**邮政编码**：100081
总 编 室：010-68407112　　**发 行 部**：010-68406961
网　　址：http://www.cmp.cma.gov.cn　　**E-mail**：qxcbs@cma.gov.cn
策划编辑：邵　华　　**终　　审**：周诗健
责任编辑：杨　辉
封面设计：符　赋　　**责任技编**：吴庭芳
印　　刷：北京中新伟业印刷有限公司
开　　本：889 mm×1194 mm　1/32　　**印　　张**：6
字　　数：130 千字
版　　次：2014 年 4 月第 1 版　　**印　　次**：2014 年 4 月第 1 次印刷
定　　价：24.00 元

本书如存在文字不清、漏印以及缺页、倒页、脱页等，请与本社发行部联系调换。

《浙江省气象声讯服务手册》
编写委员会

主　编：梁晓妮

委　员：梁晓妮　王　颖　陆　明　张　珏
李瑞民　黄艳玲　李晓丽　徐瑞国
李建粮　叶海龙　王坚侃

校　对：张　旗　刘丹妮　张　峰　刘　娟
吴　杨

指导单位：浙江省气象局气象服务中心

序

气象与我们的工作和生活息息相关。气象服务是政府公共服务的重要内容，气象信息是公众最为关注的三大信息之一。随着科学的进步和人民生活水平的提高，人们获取气象信息的途径越发多样，其中，拨打“96121”“12121”声讯电话以其方便、快捷、及时的优点为社会公众提供了丰富的气象信息服务。

浙江省气象声讯服务发展至今已近半个世纪。早在1965年，杭州中心气象站就曾自制设备进行电话自动答询。1985年起，杭州、宁波、温州、台州市(地)气象台加强与电信部门的合作，开通了121气象电话自动答询业务，标志着浙江省气象声讯服务的正式开始。为进一步提高气象声讯服务水平，更好地满足公众对千变万化的气象信息的需求，浙江省气象服务中心从实际业务出发，及时总结了多年的声讯气象服务经验，历时两年编撰完成《浙江省气象声讯服务手册》。据了解，这是我国第一本专门探讨气象声讯服务业务的手册，对于各地进一步规范气象声讯服务业务、提高气象声讯服务质量等具有重要的指导和借鉴意义。

希望广大气象服务工作者牢牢把握公共气象的发展方向，牢固树立民生气象的服务理念，不断丰富气象声讯服务形式，提升服务能力，更好地发挥声讯平台在传递气象信息、防灾减灾、服务地方经济社会发展中的积极作用。

值此《浙江省气象声讯服务手册》出版之际，谨向在本书编写过程中给予悉心指导、大力支持的各位领导、专家和付出辛勤劳动的气象科技工作者表示衷心的感谢！

浙江省气象局局长 黎健

2014 年 1 月

前　言

声讯业务起源于20世纪80年代初期的英国，迄今已有近40年的发展历史。随着固定电话、移动电话越来越广泛地被公众应用于信息传播，借助这一传播方式，气象部门及时开通声讯电话服务，打造了气象信息传播的便捷新通道。

气象声讯服务以电信通信网为传播媒介，向公众提供最新的天气预报、个性化预报信息以及气象要素实况等内容。气象声讯电话内容更新快、时效强，服务更加人性化，公众随时随地都可以通过拨打气象声讯电话接入气象语音服务系统，获知最新气象信息，这满足了各行各业对多种类型气象信息服务的需求。气象声讯服务凭借它独特的优势受到了社会各界的认可。随着网络信息服务的高速发展，人们获取气象信息的途径更加多样，在此背景下，如何使气象声讯服务与时俱进、求新求变、在新形势下焕发新的生命力，值得我们更深入地进行探索。这也促使我们把多年的工作经验汇编成《浙江省气象声讯服务手册》(以下简称《手册》)。

《手册》介绍了气象声讯业务的发展历程、浙江省气象声讯服务工作流程，并着重从声讯信箱的设置和声讯内容的采编两方面介绍了气象声讯服务业务的具体工作，用大量的例子分析了声讯信箱内容的采编加工思路、浙江省及其所辖各地市的特色信箱，还特别在第4章针对2008年发展起来的人工声讯业务做了详细解析。另外，对气象声讯业务的特色技术、拨打特性等做了详细介绍和分析，图文并茂，内容丰富。气象声讯因其灵活、多变的特点受到用户的欢迎，只有适应天气的变化和公众的需求，不断创新，气象声讯服务才能保持长久的生命力。

《手册》的编写过程得到了浙江省气象局有关领导和专家的关心、支持和帮助。浙江省气象局局长黎健亲自为本书作序，浙江省气象局领导王仕星、王东法以及应急减灾处朱菊忠处长和政策法规处李慧武处长对《手册》的编写给予了诸多指导，浙江省气象服务中心多次组织专家对《手册》进行讨论。浙江省气象台、浙江省气候中心、浙江省气象科学研究所、浙江省气象信息网络中心、杭州市气象局等有关单位领导和专家对《手册》提出了许多建设性的意见和建议。舟山市气象服务中心、嘉兴市气象服务中心、台州市气象服务中心、衢州市气象服务中心、丽水市气象服务中心、义乌市气象局和慈溪市气象局为《手册》提供了大量素材。浙江省气象服务中心《手册》编写组认真开展资料收集、归纳分析、总结等工作，付出艰辛的劳动。借此机会，谨代表浙江省气象服务中心向关心、支持、参与《手册》编写的各位领导和专家表示衷心的感谢！

由于水平有限，书中错漏和不妥之处在所难免，恳请各位同行批评指正。

浙江省气象服务中心主任 杨忠恩

2014 年 1 月

目 录

第1章　气象声讯业务

自从1876年贝尔发明电话以来，电话作为人与人之间通讯的工具，已经成为人们生活中必不可少的一部分。随着我国通信事业的发展，电话普及率大大提高，特别是移动电话使用率增长迅猛。电话网覆盖面广，业务发展迅速，对公众影响越来越大，其中声讯业务已成为电信、移动、联通等通信运营商的重要增值业务之一。

1.1　声讯服务

声讯业务又称“电话信息服务业务”，它是用电信网和数据库技术把信息采集、加工、存储、传播和服务集为一体，面向社会提供综合性、全方位、多层次的服务业务，具体包括收听、点送语音信息、参与聊天、交友等业务，具有操作简单方便、内容丰富、可根据需要选择个性服务等特点。

用户拨打声讯电话所产生的费用统一由运营商收取，运营商会根据用户拨打时长及由物价局核准的相应费率扣除对应数额的话费，除了通话费按正常资费收取外，还要收取信息费。这样的声讯电话有“168”“268”“195”“198”……各地不完全一样。其中有部分信息内容是免收信息费的，如以“1680”“2680”或“12”开头的声讯电话。

声讯业发端于20世纪80年代初期的英国，迄今还不到40年的发展历程，但其发展速度却是异常惊人的。我国从1987年7月起在上海开通首家人工电话查询信息台，接着，相继有50多个城市开通了人工声讯台，此后自动声讯信息台便在全国各大、中、小城市兴起。

随着时代的发展，在现代生活中不少居民都有着各种各样的倾诉或咨询等需求。而今，为了满足人们的这些需求，我国的声讯电话信息服务业务已从最初的简单信息查询发展到可以通过多种服务形式及时提供各行各业动态及静态信息的规模。全国铁路统一电话订票号码"95105105""114"查号台、中国移动综合信息服务平台"12580"等都已成为大家熟识的声讯电话。像我国各地每年的高考、中考、各类资格考试等信息查询热线电话，也都是声讯电话。

近年来，新出的"400"电话业务开始在我国发展和普及。"400"电话具有互动式语音应答(Interactive Voice Response, IVR)语音导航、通话录音、留言信箱、防伪码查询、座席提示等功能。例如，如果您想办理快递业务，只需拨打某家快递公司相应的"400"电话，就可以足不出户轻松搞定，同时还可选择一系列相关的服务。这类新型的"400"声讯热线有一个显著特点，就是不能直接扣减电话费，用户每一分钟的消费都是明确可查的。

1.1.1 声讯服务业的作用

目前，声讯服务业市场已经进入稳步发展的阶段。纵观电话声讯服务业的产生与发展，电话声讯服务无论是在社会效益方面还是经济效益方面，都起到了积极的作用。

一方面，它为社会各界提供了内容丰富的信息服务，创造了良好的社会效益。从某种意义上说，信息就是知识，信息和知识相互包容。而知识将成为现代产业不可或缺的重要组成部分。电话声讯服务业是传播知识的产业，高速高效的共享可以由声讯服务来完成。由于电话声讯服务业采用了最普及的电话通信手段，为公众提供了普遍性的信息服务，因此在我国信息服务业中占有重要的地位。

另一方面，它为社会带来了可观的经济效益，拉动了相关产业的发展。在知识经济时代，信息能带来巨大的经济效益。电话声讯服务业既带来了可观的直接经济效益，也拉动了相关产业的发展，带来了间接的经济效益。

1.1.2　声讯服务业的发展空间

20 多年前，“楼上楼下，电灯电话”还是许多人生活的梦想，而如今固定电话、移动电话普及率越来越高。2000 年，我国固定电话用户已达 13546.6 万户，移动电话用户总数达 6723 万户。然而，仅仅经过十多年，电话用户实现了突飞猛进地增长。据统计，2013 年 7 月，全国电话用户总数达到 145744.80 万户。其中，移动电话用户为 118522.9 万户，普及率达 87.1%；固定电话用户为 27221.90 万户，普及率达 20.2%。数据显示，近六年来，移动电话用户数量增长迅猛，逐年净增用户数均超过 1 亿。

另外，声讯用户市场有着广阔的发展前景。首先，机关事业单位、企业、公司、学校等大宗用户业务量大、价格弹性不大，因此需要稳定，特别是企业、公司为了自身业务的开展，为了达到更高的经营效率，会使用更先进的电信业务，如借助于计算机集成电话通信(Computer Intergrated Telephony，CIT)技术的呼叫中心。如果电话声讯服务业能抓住大宗用户的特点，积极开发与之需要相配套的服务项目，一定能在信息服务市场拥有巨大的利润空间。其次，普通用户具有数目大、分布广、单个业务量小、业务品种需求单一的特点，尤其中国人的行动习惯是不喜欢操作复杂的业务过程，要求操作上简单而又再简单，宁肯动口不动手，而电话声讯服务通过语音提示操作，只要按0～9十个数字就能解决全部问题，正迎合了普通用户的需求。对于这类普通用户，可以从服务信息的多样性、实用性、及时性着手，挖掘市场潜力，继续推广电话声讯服务。综上来看，中国通信业的飞速发展为声讯服务业拓展了发展空间，声讯服务业仍有广阔的发展前景。

1.2 气象声讯服务

1.2.1 气象声讯电话的定义

气象声讯电话是以移动电话网为传播媒体，以自动答询的方式为社会各界提供丰富的气象信息服务，主要提供最新的天气预报、精细天气预报以及气象实况信息等内容。声讯电话内容更新快、时效强，公众随时随地都可以通过拨打气象声讯电话方便地接入该气象语音服务系统，并可根据系统的语音提示选择收听不同的服务内容，获知最新气象信息。

我国最早的气象声讯服务台号码为“121”，这是国家邮电部规定的、全国统一使用的、咨询城市天气预报等气象信息的专用电话号码，其性质与“114”“117”“119”等三码电话类似，具有唯一性。应该说，“121”是当时我国城市气象信息咨询台的代名词。在经过不断改版或升级后，各地气象声讯电话号码都陆续改为了“12121”，有些省、市气象声讯电话号码略有不同，像北京市的“96221221”、上海市的“969221”，全国其他大部分地区一般为“12121”。目前，不少人已习惯于拨打气象声讯电话来收听天气预报，气象声讯电话成了老百姓生活的方便助手。

1.2.2　气象声讯电话服务开通的目的及意义

人类生活无论是衣、食、住、行还是身体健康、工作效率等，都受气象条件的影响，可以说天气变化与人们的工作和生活息息相关。由于多种因素的影响，许多地方出现了气候反常现象，灾害性天气发生的频率越来越高，有的地区长期干旱，连人畜的饮水都成问题，而有的地方暴雨不断，洪水泛滥成灾；有些冬季天气该冷不冷，而有些夏季持续酷热。如此频繁的异常天气给工农业生产、交通运输、商品销售等带来了较大的影响，特别是当今社会经济飞速发展，气象灾害给国民经济建设和人民生活造成了更大的影响。另一方面，随着经济的发展，人们的生活水平不断提高，外出旅游度假的人日渐增多，人们在动身之前一般都需要了解一下所去地区的天气情况。因此，社会各界对气象信息的需求与日俱增，这显然也就对公共气象服务提出了更高的要求。由于电话、手机在信息传播工具中的优势愈来愈明显，因此，气象部门借助这一信息传播方式，及时开通了气象声讯电话服务，以满足广大公众对各种气象信息的需求。

随着公众对气象信息需求的与日俱增，每逢周五、节假日前夕或灾害性天气来临时，打电话到气象部门了解气象信息的人就特别多。由于气象台的工作人员昼夜都需值班，各岗位的任务又都繁重，没有充裕的时间来回答市民们的各种咨询，繁忙的电话线路也无法满足人们了解各种气象信息的需要，因此，设立自动天气查询系统，由计算机代替人工来回答人们对气象预报的咨询就显得很有必要。这样，既大大提高了回应咨询的工作效率，又满足了市民了解气象信息的需要，同时也把预报值班人员从此起彼伏的电话铃声中解放出来，使他们有更多的时间和精力分析气象资料，研究未来天气的变化趋势，提高天气预报准确率。

气象部门秉承“关心冷暖、服务至上”的服务理念，为广大社会公众提供一个便捷的咨询服务平台，在防御气象灾害中也发挥了更加重要的作用。开通气象信息电话自动查询系统后，能够更及时、更准确、更方便地将气象信息，特别是灾害性天气信息、预警预报，及时传递到千家万户，以便公众及时做好防灾准备，为各行各业安排生产、公众合理安排出行带来极大便利。

老百姓只要拿起家里的固定电话(包括小灵通)、手机，拨打“400-6000-121”“12121”，就可以随时知晓风云变化、阴晴冷暖。通过历年来的拨打情况和社会反馈来看，事实证明，气象声讯电话具有方便、快捷、全面、及时的优点，为社会发展和人民生活提供了丰富的气象信息服务，满足了各行各业、广大公众对多种类型气象信息服务的需求，受到了社会各界的认可，获得了社会公众的信赖。目前，声讯服务已成为气象部门公众气象信息服务和科技服务的重要手段和窗口之一，也是气象部门的经济增长点之一。

1.2.3 气象声讯服务的优势和特点

近年来，随着科学的进步和人民生活水平的提高，人们获取气象信息的途径多种多样，但在诸多途径中，拨打“400-6000-121”“12121”声讯电话获取气象信息仍然是使用最广泛和最方便的一种。气象声讯服务的优势主要体现在以下几个方面：

权威性。气象声讯服务是气象部门向公众提供准确权威的预报内容，信息内容直接来源于气象台的最新天气预报或者是经过气象专业人员包装制作的气象服务产品，避免了因某些媒体工作人员对气象信息进行再加工而可能造成的信息曲解。

实时性。声讯电话有别于电视台、广播电台和报刊等传统媒体。其最大优点就是具有实时性，预报内容不受时间或篇幅的限制，并且气象声讯电话是24小时全天候开通的，气象服务人员也会根据天气变化随时更新预报内容，拨打声讯电话的用户可以随时随地了解最新的天气信息。如台风影响期间，在每个半点及时更新台风最新位置信息，同步跟进台风动态。

便捷性。人们可随时随地获取到气象信息，这是传统的电视、报纸等传媒无法比拟的。虽然目前网络信息发展迅速，越来越多的人开始借助网络获取气象信息，然而，网络覆盖也有局限性，并不是随处都可以上网，特别是农村、海岛或一些偏远地区。而且，气象声讯提供全天候服务，全天24小时都可以随时拨打，且不存在占线繁忙现象。因此，只要用电话或手机拨打“400-6000-121”“12121”，就可以快捷、方便地获得气象信息。

灵活性。声讯电话服务简单方便，对于短期出差和旅游的人来说，不可能定制当地短信气象服务业务，也很难每天准时收看电视天气预报，获取网络信息还需要设备、网络覆盖的支持，但是拨打“400-6000-121”“12121”声讯电话就非常随意，任何时间、任何地点，只要有电话或手机，就可以实现拨打，非常实用和便捷。

稳固性。声讯电话服务平台容量大，声讯信息内容丰富多样。声讯电话一般都会就某一服务内容开通一个信箱，用户可以根据不同需求选择收听某一信箱或多个信箱，获取服务具有稳定性、连贯性，为用户提供一个可靠稳固的信息来源。

自由性。用户具备更多的自主选择的权利，可以在需要的时候进行拨打，由用户掌控获取信息的时间、频次、内容等，选择更自由、更有针对性。

互动性。近年拨打声讯电话可以实现人工服务，用户可以根据需要，向气象服务人员咨询更详尽的气象信息，气象部门通过人工答询热线也履行了宣传气象、答疑解惑、了解需求、服务社会的职责。

1.2.4 浙江省气象声讯服务

早在1965年，杭州中心气象站曾自制设备进行电话自动答询。从1985年起，杭州、宁波、温州、台州气象台开通“121”气象电话自动答询业务。1990年，舟山、绍兴市气象台也开展此项业务。1998年，浙江省气象台联合移动、联通公司开通了手机“121”气象声讯电话。

浙江省气象声讯电话正式开通至今已有多年，服务规模从起初的电信固话发展到现在的一个平台、四个子系统，涵盖了电信、移动、联通、网通等所有的电信运营商用户，规模在扩大，其拨打率不断上升，目前浙江省一级的气象声讯月均拨打量约为16万。气象声讯服务成为浙江省气象部门对外开展气象服务的一个重要途径。

浙江省声讯系统技术也在不断提高。以省本级为例，气象声讯电话最初只有 32 路 2 兆数据线，随着用户数的不断上升，2004 年 5 月扩容到了 64 路，并增加了移动微波线路，实现了电信数据线和移动微波线路的互为备份。2005 年 2 月，应信息产业部的要求，“121”接入号改为“96121”“12121”。手机“96121”系统采用双顺达公司电话声讯系统软件，该软件具有语音自动合成、话单自动计费等一系列功能。该系统采用语音合成技术，集编、播于一体，配置同路电话语音卡，实现中继线的实时服务，满足众多用户同时拨打的需要。

浙江省声讯信箱设置趋向合理化。浙江省气象声讯信箱设置与其他省、市类似，有短时、短期、中期等及时、准确的天气预报信息，还有上下班、气象热点等贴心、周到的气象服务。在重大活动或节日期间，适时开通“高考天气”以及劳动节、国庆节、春节等天气预报信箱，以更好地满足人民群众的生活需求。当有台风影响时，及时开通“台风动态”语音信箱，加密更新台风信息，不断充实服务内容，使之更加实用，满足了各地防灾减灾的需求。公众通过手机或固定电话，按照语音提示信息按键操作，就可以第一时间接收到最及时的分类气象信息。

为了满足人们的生产生活需求，充分体现地域特色和专业服务特点，为用户提供优质的气象服务，浙江省各市（县）还根据当地需求开通了农事天气、渔场天气（沿海风力预报）、交通气象（航线预报）、地质灾害预报（警）、森林火险等级、空气质量气象条件等特色信箱，如表 1.1 所示。

表 1.1 浙江省部分城市气象声讯特色信箱

城市	气象声讯特色信箱内容
舟山	国内 20 条航线气象服务、渔场 3～5 天风力预报、舟山主要航线风力预报、台风预报
杭州	24 小时市区和高速公路的相对湿度和水平能见度预报(最高、最低)、钱塘江潮汐预报
湖州	农业气象预报
宁波	高速公路路况信息和违章查询、海洋与环境预报
慈溪	农事与气象、语音互动
台州	顶级信箱有特色,天气预报结合历史实况(最高气温、最低气温)、当前实况视实际情况加入当前的气温、湿度、能见度等要素以及天气趋势,以每小时更新的频率发布
嘉兴	海宁盐官潮汛时间、气象与生活、节假日临时开设信箱
温州	温州话讲天气、主持人讲天气、用户留言和反馈

从浙江省历年来的气象服务成效来看,“96121”“12121”声讯电话作为传播、普及气象防灾减灾知识和信息的重要渠道之一,对提升公共气象服务能力以及切实增强全民气象科普知识水平都起到了举足轻重的作用,尤其在每次重大天气过程和突发公共事件服务过程中,完成了一系列卓有成效的工作,发挥了积极作用。同时,气象声讯服务也使浙江省气象部门取得了良好的社会效益。

1.2.5 我国部分省、市特色气象声讯

由于我国各地区域气候不同,因而其声讯服务内容侧重点有一定差异,有些省、市根据当地需求还设置了特色信箱,开设了有针对性的气象声讯服务产品。下面介绍浙江省以外的其他一些省

(自治区、直辖市)的气象声讯服务情况。

黑龙江省:黑龙江省声讯气象信息服务的定位是主动服务及人性化服务,针对不同人群的不同需求,开设了不同的特色信箱。针对想利用双休日外出游玩的人们,推出了双休日出行天气预报;针对想到黑龙江省旅游和想到省外旅游的朋友,分别推出了省内旅游景点、国内外主要城市天气预报;针对每一次的天气过程及各节气,气象专家还不定期地与听众聊天气过程及各节气与当下天气的影响等;针对冬季特殊的气候条件,推出了滑雪场天气预报。

北京市:北京市气象声讯电话信息内容丰富精细,内容包括北京未来 48 小时天气预报,上下班天气,双休日、未来一周和各区县天气预报以及生活气象指数预报。考虑到"热岛"效应对城乡温差的影响,气象声讯信箱特别开通了三环内和近郊区天气预报。另外,还有景区天气预报、疾病趋势预测、花粉浓度监测与实况信息、空气污染气象条件预报、儿童感冒气象指数预报、人工热线、专家热线。专家热线每天有两位资深气象专家"坐堂",为百姓"把脉"天气的瞬息万变,解决生活中与天气状况相关的疑难问题,提供气象服务。比如,饲养信鸽的朋友,经常要到外地去放飞信鸽,放飞沿途的天气条件就很重要,这时可拨打"96221221",向气象专家咨询,解决放飞时间和线路的难题。

上海市:上海市"969221"气象服务语音信箱创立于 1999 年,共设 12 个分门别类的特色信箱,另外还设置了气象专家热线。"969221"信箱自创办以来一直为社会大众提供着各类天气信息和气象服务,也承担了诸如 2001 年上海亚太经济合作组织(Asia-Pacific Economic Cooperation,APEC)会议、2007 年上海特奥会、2008 年奥运会、2010 上海世博会等大型活动的气象服务工作。随着气象服务越来越深入人心,“969221”声讯信箱 2010 年又增设了更为时尚、更贴近生活的“婚礼气象周报”“生活气象指数”等信箱。同时,伴随 2010 上海世博会的召开,“969221”信箱还专门设立了“世博天气导航”服务信箱,为人们游览世博会提供了及时的气象服务。

青岛市:青岛是一座美丽的滨海城市,是中国举办大型赛事和国际盛会最多的大都市之一,声讯电话除了有常规的普通话版的天气信息及温馨气象服务的语音信箱外,还设置了气象英语播报信箱。另外,2011 年 6 月底跨胶州湾海域的青岛海湾大桥全线通车,“12121”气象声讯电话又及时开通了实时播报“胶州湾高速实况”语音信箱,市民可以随时收听到胶州湾高速当前的能见度、温度、风力风向、路面结冰或积雪等情况。“胶州湾高速实况”语音信箱的开通有利于高速公路管理部门以及交通运输部门及时掌握气象观测数据,根据天气实况对交通运输进行管理。

深圳市:为满足应急减灾服务的需求,深圳市气象局 2012 年 12 月在原有“12121”电话基础上建设“12121”应急气象电话,增加了包括报平安(平安留言)、突发事件预警信息及防御指引、应急气象知识宣教等功能。在极其重大灾害发生时,通信线路几乎处于瘫痪状态,政府和电信运营商会对“12121”应急气象电话提供优先线路资源保障,公众可拨打“12121”应急气象电话,使用“报平安”留言功能与亲友相互留言报平安。“12121”应急气象电话报平安(平安留言)功能能够在灾区与外界之间搭起一座沟通桥梁,也能使外界及时掌握灾区灾情,有效组织力量向灾区提供救助。在有自然灾害、事故灾难和公共卫生事件发生时,“12121”应急气象电话将通过突发事件预警信息及防御指引功能及时发布预警信息,用户拨通“12121”后无需按键即可第一时间直接收听相关内容，进而根据预警级别，按照防御指引采取相应措施，主动避险自救。

江苏省：江苏省经济发达，是著名的“鱼米之乡”。农业、交通等行业的发展均居各省前列，其对气象条件的依赖程度也较高。江苏省“96121”气象声讯服务内容相对丰富，包括实况天气、短期预报、未来五天天气、热点天气等。同时，还开展了气象声讯信息包月业务，包月用户还特别享有外呼服务：在雨、雪、大风等突发性天气来临前，系统将主动打电话给包月用户，提供及时的预报提醒，让用户在第一时间掌握天气变化情况。

河南省：河南省鹤壁市气象局根据社会公众关注的热点，在气象声讯信息服务内容中增设了气象与农事、生日档案查询等板块，更加突出了气象服务的人性化和实用性。鹤壁市民拨打“12121”，不仅可以收听最新的天气预报、气象知识等内容，还可以通过气象与农事信箱收听晾晒指数、喷药指数、施肥指数及花苗的种植方法等与气象息息相关的农业生产建议。“12121”生日档案查询信箱内容包括个人生日当天的历史事件、阴阳历、星座运势查询等。

江西省：江西省景德镇市气象局将气象观测资料根据其特点进行二次开发，经过程序转换进入“12121”声讯系统，实现了将涵盖自动站资料、紫外线资料、本站历史资料的具有一定格式的文本文件转换成声音文件的功能，从而大大丰富了“12121”的信息，彻底改变了“12121”信息比较单调的状况。

新疆维吾尔自治区：2008 年，阿克苏市气象局抓住了交通与气象服务之间的关系，利用已有的气象短信平台，使定制了“气象与交通”信息服务的用户在接收天气预报的同时，能收到注意交通安全的温馨提示。这样不仅提高了气象服务的效率，而且通过交通违章通知短信给用户朋友带来更多贴心、便捷的服务。为了更好地扩大服务范围并方便用户，阿克苏市气象局于2009年又开通了人工“12121”声讯交通违章答询系统，使没有定制“气象与交通”信息服务的用户也能从人工声讯台中查到违章结果。

福建、广东、海南等沿海省份：福建、广东、海南等省濒临海洋，海岸线长，岛屿众多，有丰富的渔业资源，受台风、海雾、暴雨、海上大风等灾害天气影响较为频繁，天气预报对渔民和海上过往船只、作业单位的安全意义重大。因此，气象声讯信箱除了常规的中短期天气预报及一周天气趋势预报等，还专门设置台风和海洋天气信箱，为渔业生产、海运交通和海上生产提供了更为周到的气象服务。

由此看来，全国各地的气象声讯服务各具特色，为进一步改进和完善浙江省的气象声讯服务提供了很好的借鉴意义。

第2章　工作流程

浙江省气象声讯电话拨打率一直位居全国前列，声讯服务在社会防灾减灾中发挥了重大作用，获得了政府部门与社会公众的信赖，声讯服务已成为气象部门公众气象信息服务的重要手段和窗口之一。为确保气象声讯服务工作顺利有序进行，需细化每一个工作过程和环节，因此，需制定和实施一套系统、全面的工作流程，确保气象声讯服务有序展开。

2.1　气象声讯服务工作流程

2.1.1　业务流程

浙江省气象声讯业务流程涵盖了声讯服务工作的各个过程，一般包括六大环节：充分准备、产品制作、严格审核、仔细监听、及时反馈、加强与市（县、区）气象局沟通，另有应急流程。在特殊情况下，各环节还应根据具体要求进行细化或修改。

（1）充分准备。声讯制作人员先了解当天天气实况和预报信息，重点知晓有无灾害性天气或者预警发布，掌握同期历史情况和是否将出现转折性天气。每天上午参加省台会商，接着进行服务会商，确定当天的服务基调和服务重点，讨论完善服务内容。

(2)产品制作。在明确了服务重点的基础上,有针对性地制作服务产品。预报服务产品,应在相关预报发布单位预报内容发布上网后,立即转化为相应声讯产品;编辑服务产品,在了解短时、短期、中期天气的基础上,根据天气重点提示、气象台决策服务产品,考虑当下季节气候特征、灾害性天气、转折性天气等;考虑节气、节日、当下热点的社会新闻、气象新闻,结合与天气特点相关的气象知识、生活常识、预防常识或防范措施等,并综合考虑防雷、农气等部门的专业预报信息,基于以上几点选取适当的有效信息,与天气预报内容结合,考虑遣词用句,按时完成采编。

(3)严格审核。为保证声讯产品准确无误,保证服务质量,产品制作完毕,由审核人员认真把关,严格审核,做到信息准确无误,声讯信箱信息与其他各项信息出口一致。当发现预报类产品有误时,及时向气象台告知并修改;审核编辑类产品时需注意:特殊性或重要天气实况是否通报、灾害性或转折性天气是否予以提示、语言是否通俗易懂、描写天气的用词是否贴切、生活提示是否妥当、有无漏字或错字等现象,如发现错误或不当应立即修改或订正。

(4)仔细监听。每次声讯产品更新后,由制作者第一时间负责监听更新情况。同时,为确保声讯内容准确无误,所有声讯信箱每天早、中、晚由公共服务部负责监听,信息服务部负责二次监听。另外,当台风影响或有其他特殊情况时,根据信箱变更情况和内容更新频次,应相应加密监听频次。

(5)及时反馈。工作人员监听后,若发现声讯产品有未及时更新发布、预报内容与实况不符或语音转换出现问题等情况,应及时向制作人员或技术部门反映,尽快解决。另外,业务人员应根据用户的反馈意见定期进行总结,向领导及制作人员反馈,从而对声讯服务产品进行更新，以提高用户的满意度。

(6)加强与市(县、区)局的沟通。由于声讯服务平台设备都由省局统一管理，当部分市(县、区)出现局地性突发天气时，就需要基层人员及时与省局联系，及时更改预报信息，避免造成不良社会影响。

应急流程是为保证声讯电话正常运行，最大程度保证广大群众准确、及时掌握气象信息而特别制定的。具体内容包括：①首先保证信息安全、用电安全、网络安全、业务用机安全，保障系统和网络的畅通，应急联络单位和技术人员的联系方式落实到位。②当发现声讯信箱出现故障导致语音无法转出时，可在技术人员的协助下进行人工录音。若声讯电话拨打出现故障(占线、延时、信箱号不统一等)时，应及时联系负责问题的技术人员，由技术部门或运营商解决，保证尽快恢复正常状态。③移动硬盘备份全部业务系统，在可接入省台局域网的电脑上能快速安装实现运行。④当遇到突发事件(如设备突然断电等情况)时要视情况及时启动相应的应急预案。

2.1.2　特殊时期业务流程调整

为保证用户方便、快捷地获取气象信息，满足社会防灾减灾的需要，某些特殊时期可根据情况适时调整信箱，变更信箱信息或调整信箱顺序，把重要的信息设为顶级信箱或直接由引导语提示拨打几号信箱，当有灾害性天气影响时，甚至可以临时增加信箱，为大众需求度最高的气象信息单独设置信箱且置顶。业务流程也需相应做出调整。

(1)预警发布。当有预警信息发布时，必须保证在 15 分钟之内更新完成，并注意及时监听，确保内容正确转出。当预警解除时，应及时撤除预警信息。

(2)信箱变更。灾害性天气下，根据服务需要，由相关部门提出变更信箱，信箱变更内容由相关领导审核确定，并做好及时更新工作。

(3)增发预报。遇区域性灾害天气影响时，气象台会根据情况增发预报，声讯信箱内容需及时增加制作和更新。

2.1.3 产品制作步骤

在业务流程的六个环节中，产品制作是关键的一环。下面以省本级为例，详细介绍各类声讯产品的制作步骤。

省本级气象声讯主要集成在浙江省服务中心业务平台中制作完成。制作声讯产品前，首先要进入业务平台操作系统，在IE浏览器中输入 http://172.21.129.173/admin/，进入登陆页面，如图2.1所示，输入用户名和密码，点击“登陆”，进入系统首页。

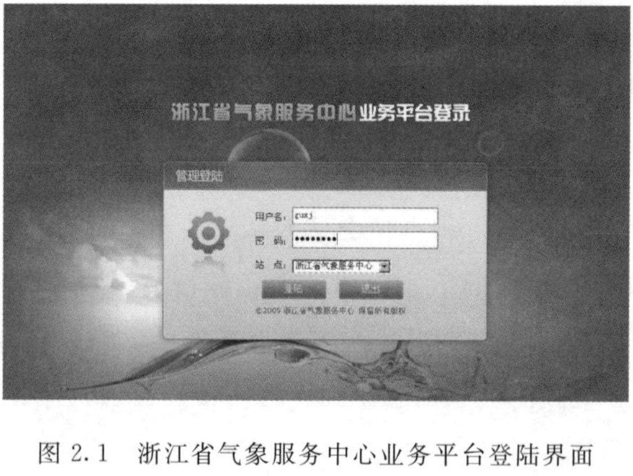

图 2.1 浙江省气象服务中心业务平台登陆界面

1. 常规声讯内容制作

(1)进入系统操作页面后，点击页面左侧主菜单中的“制作平台”和二级菜单中的“声讯采编”，如图 2.2 所示，浙江省大部分声讯目录均在此列。点击相应的“新建”按钮就可进入声讯内容的制作页面。

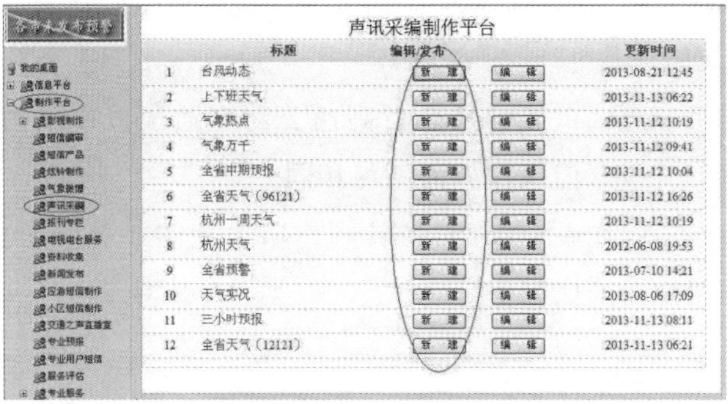

图 2.2 浙江省气象声讯采编制作平台界面

(2)由“声讯采编”平台界面可知，声讯信箱内容制作主要有台风动态、上下班天气、气象热点、气象万千、全省中期预报、杭州一周天气、全省三小时短临预报和全省天气(“96121”和“12121”)。具体步骤:首先在编辑区制作声讯产品内容，之后依次点击“存稿”“入库”“发布”，最后系统弹出“成功”页面即可。

在刚进入制作页面时，编辑区域往往已经显示模板或题头等，其中，杭州一周天气还有示例说明，方便用户操作。预报类内容均来源于浙江省或杭州市气象台，素材类内容需服务中心工作者自己编写。在上下班天气预报稿中，模板中有三个特定时间，因此在每天三次的更新中只需选取对应时间来进行修改，其余内容均删除。

(3)已经发布成功的声讯内容需要修改时，只需回到“声讯采编”页面，选取相应栏目，点击图 2.2 所示“编辑”按钮。

为方便修改声讯内容，在“编辑”按钮中对已经发布的声讯内容均可进行修改发布，如点击“台风动态”对应的“编辑”按钮，点击到所需修改的条目上，即可转到声讯产品编辑区，然后重新修改制作，再依次点击“存稿”“入库”“发布”，发布成功即可。

2. 炫铃制作

浙江省七县、市炫铃及全省高速公路交通预报声讯内容也在业务平台上操作，但操作界面不尽相同。

(1)点击制作平台中的“炫铃制作”，出现图 2.3 所示界面，然后再点击“杭州地区制作”。

图 2.3　浙江省气象声讯炫铃制作界面

(2)炫铃有两个信源，分别是“短信源”和“上传源”，一般选择“上传源”，在“上传源”未到的情况下也可以选择“短信源”，然后依次点击“转换”“存稿”，最后点击“发布”即可完成一条炫铃的制作(如图 2.4)。

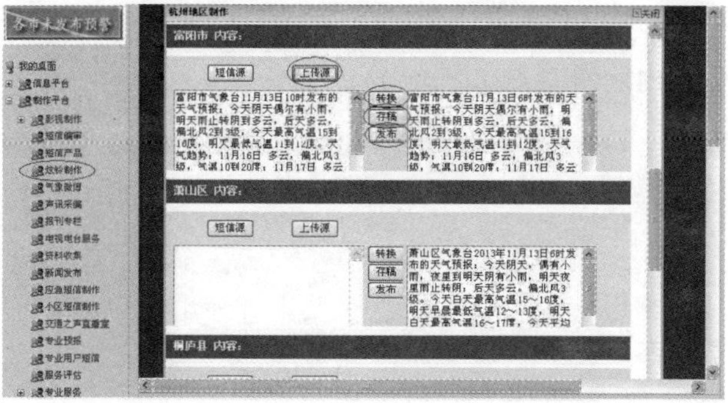

图 2.4　杭州气象声讯炫铃制作界面

3. 专业服务声讯内容制作

(1)点击制作平台中的“专业预报”，出现图 2.5 所示界面，所列条目中“交通预报”即为我们所需项目。点击“交通预报”对应的“新建”按钮。

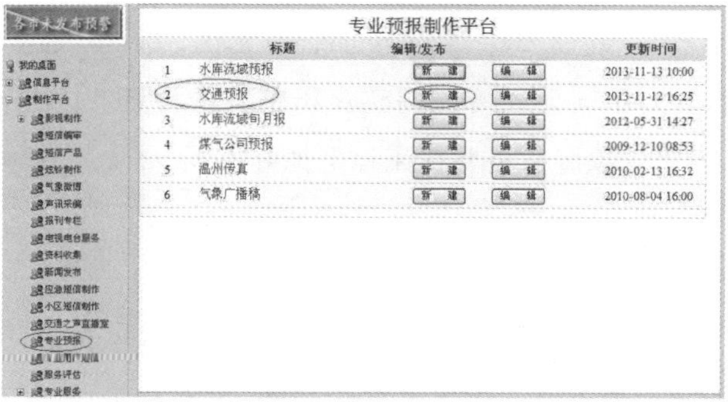

图 2.5　专业预报制作平台界面

(2)制作区域有相应的题头，制作完声讯内容后依次点击“存稿”“入库”“发布”，操作步骤同前。

4. 内容检查

在浙江省文件查看平台(如图 2.6)中可检查更新内容文字的

准确性和完整性，主要包括全省高速公路天气预报、长江三角洲天气预报和省内旅游景点天气预报。

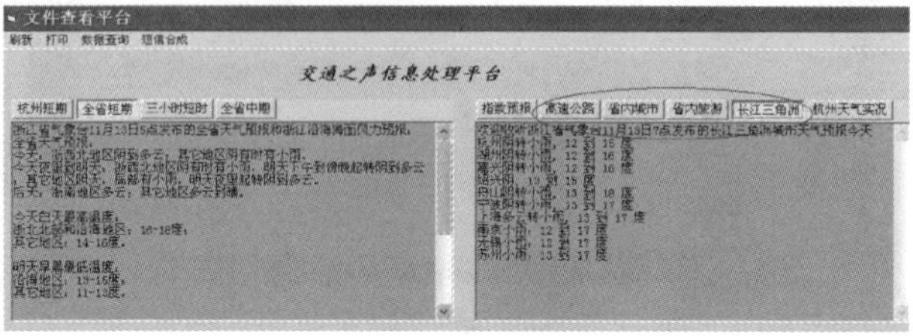

图 2.6　文件查看平台界面

2.2　特殊时期声讯服务流程

除了做好常规天气下的声讯服务工作外，在一些特殊时期，尤其是灾害性天气影响期间，更要千方百计做好气象服务。对于声讯服务而言，一方面要注意内容的准确无误，另一方面要加强监听，同时，针对不同天气情况调整声讯信箱的设置。因此，对于特殊时期，声讯气象服务更要在流程上把好关。

2.2.1　台风天气

浙江省是一个频频遭受台风侵袭的省份，台风是浙江省重大灾害性天气系统之一。在台风影响期间，工农业生产、交通运输、国防建设和人民生命财产安全等都会受到直接或间接的巨大损失。所以，在台风多发期做好气象服务工作尤为重要。台风影响期间，气象服务中心利用声讯可实时更新、信息量大而全面等特点，将气象热点信箱变更为台风动态信箱，用户拨打量猛增，声讯服务为社会开展防灾救灾工作起了一定作用。

（1）从台风编号到气象台发布台风消息期间，可在气象热点信箱中体现台风信息，增加公众关注度，随着台风临近，让公众知晓台风是否将影响浙江省，以便提前采取防御措施。

（2）当省气象台发布台风警报时，将气象热点信箱变更为台风动态信箱，更新时次为每 3 小时一次，密切关注台风动态。台风动态信箱主要内容为：台风位置、风雨影响、趋势预报。根据台风变化情况，有所取舍。

（3）当省气象台发布台风紧急警报时，台风动态信箱的台风实况信息将原先的每 3 小时发布一次变更为每小时发布一次，并仔细审核，加密监听频次，做到信息及时、准确传递。

（4）当省气象台不再发布台风消息时，撤销台风动态信箱，还原气象热点信箱。

2.2.2　短时强对流天气

短时强对流天气具有突发性的特点，声讯正好可以发挥其优势，当气象台增发预报时，可在短时天气、气象热点、预警信号等信箱中及时发布和更新实况、短时临近预报，尤其是发布预警信息时，更应第一时间通过声讯传递相关信息，弥补短信、电视、报纸等媒体在及时响应上的不足。

（1）当发现强对流天气发生的可能性较大时，及时关注省台短时临近监测预报预警信息，如闪电、降水和极大风速的实况分布情况，时刻注意省气象台及各地市气象台是否发布预警信号，以便及时进行服务。

（2）根据天气的变化及时更改预报内容，及时更改降水量实况等，方便公众及时查询。

(3)预警信息在预警信箱中发布,确保信息内容与预警发布单位一致。

(4)由于暴雨、雷电、冰雹等是短时中小尺度天气,争取一分一秒的时间就能赢得防灾减灾的主动,所以更新信箱内容的速度一定要快,特别是预警信号发布时应立即更新信息,使公众和政府部门及时采取防御措施。

2.2.3 春运

每年春节前后是浙江省受冷空气影响较频繁的时期,易出现雨雪大风及冰冻天气过程。天气因素对春运影响较大,春运工作开展的顺利与否在很大程度上取决于天气状况,尤其是出现积雪和冰冻时,会给春运工作造成很大困难。因此,每年春运期间浙江省声讯服务增设春运天气信箱,提供有针对性的服务,正确引导相关部门根据天气情况做好调度工作,公众做好防御工作和假期安排,将天气对交通的影响降至最小。

当有强冷空气影响时:

(1)在强冷空气影响之前,发布冷空气消息,注意降温幅度、降水量、风力等方面的提醒。

(2)强冷空气影响时,注意降温报告、预警信息的发布,并注意及时进行实况通报。

(3)在服务中,可结合天气变化提醒公众做好相应的防御工作,如针对可能出现的降温、降雪天气,提醒公众注意做好保暖工作,注意交通安全,特别是气温降至0℃以下时将会有冰冻出现,对交通极为不利,信息中可适当增加一些防御措施。

(4)冷空气影响结束后,可以对冷空气过程进行总结,关注降温、降雨(雪)情况,以及与历史对比情况等。

当遇到大雾天气时:

(1)大雾天气能见度差,也是对春运影响较大的一类天气。当气象台预报可能出现大雾时,信息中需及时提醒公众外出注意交通安全,最好针对路段通报能见度状况,并提供未来大雾趋势预报,以利于交通部门安排调度工作。

(2)当发布大雾预警信号时,应根据发布预警信号时的声讯操作流程及时完成更新,增加监听频次,确保预警信号准确无误。如果大雾对交通造成严重影响,信息内容可建议驾驶人员根据环境条件采取合理行驶方式或尽快寻找安全停放区域停靠,提醒广大市民尽量避免进行户外活动等。

春运信箱内容还应增加周边城市天气预报及或国内主要城市预报,以利于人们获知目的地天气情况,提前做好准备工作。另外,春运期间的气象服务应注意与交通部门或航空部门保持联系,了解天气情况所造成的影响,以便更好地有针对性地进行服务。

2.2.4 重大活动

重大活动的社会关注度高、领导重视、受天气制约因素大,因此做好重大活动的气象保障已成为重大活动成功举办的重要条件,也是提升综合气象服务能力的重要体现,它提供的是更加全面、精细化、有针对性的气象服务。

某一重大活动举办之前或举办时可针对此活动增设相应信箱,同时在声讯引导语中给出拨打提示。信箱内容可以包括整个活动期间的天气展望、针对活动地点的天气状况、多种气象要素的预报、针对某一时刻的天气预报、针对不同人群的气象服务、气象条件对活动的影响等，尽量提供精细化的气象服务，做到“量身打造”，以便根据天气状况及时调整未来活动安排及其他事宜。

（1）负责与重大活动主办单位进行接洽，征询主办方对气象保障服务工作的具体要求和指示，确定服务内容及服务方式。

（2）增设相应服务信箱。服务内容可包括中期预报、短期预报以及临近预报。

（3）服务要素不只局限于天气状况和气温，还需增加风力、风向、能见度、相对湿度、舒适度等要素和指数预报，同时根据具体情况增加实况通报信息。

（4）针对重大活动期间可能出现的高影响天气（大雾、大风、强对流、暴雨等），重点进行关注、服务，及时发布预警。

除了上述重要服务时期的工作，在某些特殊的时间节点，也可以相应增设或者变更信箱，如高考期间的高考天气信箱、秋收冬种时期的农业服务信箱等。各地市也可根据当地特色和用户需求，增加有地方特色的各类信箱。同时根据社会调查或者拨打数据分析结果，变更信箱内容或者调整各信箱排列顺序。

第3章　信箱设置与内容编辑

3.1　信箱设置

气象声讯服务是气象部门面向社会的一个重要窗口及气象科技服务的重要手段之一，认真分析其市场规律，积极拓展气象信息服务领域，促进气象声讯服务快速、健康发展，不仅可为气象部门树立良好的社会形象，而且还可以创造良好的经济效益。而信箱的设置是做好气象声讯服务工作的关键环节之一，科学、合理地设置信箱是提高和扩大气象声讯服务效益的保证。一般在信箱设置时应遵循以下几点原则：

(1)声讯信箱结构分为顶级信箱和若干个次级分信箱，次级分信箱设置不宜过多，也不要每个信箱都占满，以免用户拨打的无效时间过长。

(2)充分利用好信箱资源，尽可能将气象部门能提供的预报内容都分别设置信箱。涵盖短期天气预报、中期天气预报，必要时可以设置气候、农事等方面的预报信箱。

(3)信箱内容要分类存放，声讯信箱主要是根据公众生活需求的主次来设置，一般用户拨打较多的信箱靠前，天气预报类信箱靠前。而出现重要灾害性天气或重要事件时，可将相关内容设置为顶级信箱。

(4)信箱结构和内容的排列顺序应基本保持不变,适当变动后要在预报信息里加以提示,以方便用户拨打。建议拨打率高的相对固定,拨打率低的作为机动信箱。

(5)对发布的天气预报要说明发布单位和发布时间,并根据最新天气变化情况及时补充或者订正预报内容。

(6)信箱设置一般应以满足当地防灾减灾、生产生活等需求为原则,充分体现地域特色和专业服务特点。

(7)分信箱不开展服务时,须及时在分信箱介绍中做出调整,禁止出现过时信息和空信箱。

(8)信息内容要简洁,要及时准确、丰富多样、贴近生活,采用文明用语。

(9)为维护消费者的利益,树立良好的社会形象,不以任何形式在主信箱和分信箱做商业广告,也不能放置与气象信息无关的内容。

(10)设置一个具有可以接受用户反馈意见的留言信箱或者人工信息咨询台,以便更好地与用户沟通,接受来自用户的监督和评价,更好地服务于公众。

浙江各地市气象部门一直致力于发展完善气象声讯服务系统,建立内容丰富的声讯信箱。浙江省气象服务中心也在实践中不断丰富声讯服务信箱,目前该服务中心手机"96121"常年设置了1个顶级信箱和10个分信箱。顶级信箱为杭州市天气预报。10个分信箱分别为:0号,杭州短期天气预报;1号,杭州各县区短期天气;2号,杭州一周天气;3号,全省短期天气预报;4号,全省三小时天气预报;5号,钱塘江潮汐预报;6号,气象热点;7号,全省高速公路气象预报;8号,气象预警;9号,人工服务(图3.1)。另外根据季节和天气变化,还设有临时信箱,如杭州市天气预警信号信箱、台风最新动态信箱、春运天气信箱、中高考天气信箱、钱塘江潮汐预报信箱等。

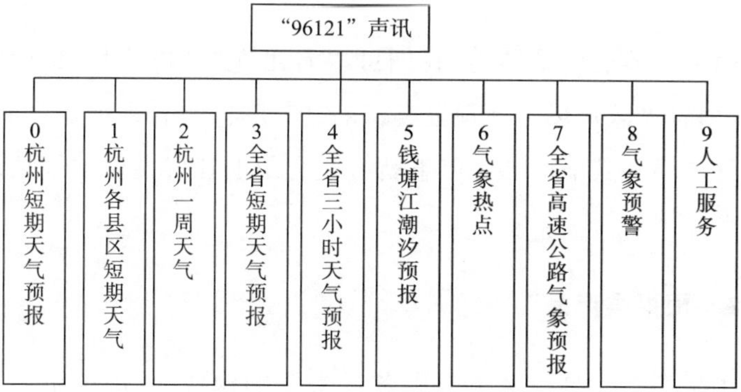

图 3.1　"96121"声讯常规内容

固话"12121"常年设置 7 个信箱，分别为：0 号，全省短期天气预报；1 号，全省中期趋势预报；2 号，全省高速公路气象预报；3 号，预警信号；4 号，气象万千；5 号，长江三角洲主要天气预报；6 号，省内主要旅游景点天气预报(图 3.2)。

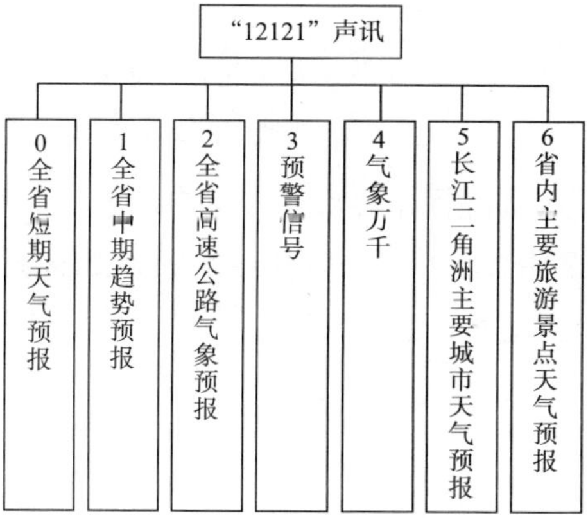

图 3.2　"12121"声讯常规内容

3.2 信箱内容

由上一节的信箱结构，我们可以看出在“96121”和“12121”信箱中，内容大致可以分为预报类产品、实况类产品、采编类产品、特殊天气产品和其他产品。以下就分类介绍浙江省主要的气象声讯服务产品。

3.2.1 预报类产品

预报类产品是气象声讯服务最主要的构成，是由声讯系统直接将省气象台发布的预报内容转换发布的声讯产品。一般这类声讯产品突出天气预报的特点，要求具备准确性、权威性，同时应该标注制作发布单位、制作发布时间、分时段天气状况和气象要素预报(降水性质与量级、最高与最低气温、风力等)以及下次更新时间等。声讯服务人员必须及时监听，确保系统转出的信息正确无误。

预报类声讯语言简练平实，表达精准，过多修饰反而会显得喧宾夺主，拖沓冗长。声讯信箱中预报内容长短期结合，省内省外覆盖，满足老百姓日常出行和远行计划安排的需求。浙江省本级的预报类声讯产品主要包括三小时临近预报信箱、短期预报信箱、一周中期趋势信箱、七县市炫铃信箱等。

3.2.2 实况类产品

实况类产品是指声讯系统通过连接自动站获取数据转换发布的声讯产品。这类声讯产品应体现实时性，各地可根据实际情况对更新频次作出规定。一般实况内容包括当下天空状况、温度、降水量，而各地也可根据需要选择增加更多的实况要素信息，如昨日天空状况、降水性质与量级（量值），某一时段（昨日、今日到目前为止、前3小时等）最高气温、最低气温、风力、湿度等。

实况类声讯产品与所处地域关系密切，因此省本级天气实况声讯产品还是围绕杭州地区的天气实况来展开。实况类声讯以简洁明了的语言表述老百姓最关注的气象要素实况，以每小时更新的高频率提供及时的天气实况，贴近百姓生活。在各类灾害性天气发生时，为方便用户更便捷、更及时地掌握天气资讯，一般也会手动添加浙江全省及杭州地区的降水量（累计降水、单站降水）、气温（最高气温、最低气温、24小时变温）、大风（风向、风速风力）等天气实况信息。

3.2.3　采编类产品

采编类产品是由气象服务人员根据天气情况编辑采写的声讯产品，也包括服务人员搜寻采集制作的各类声讯产品。此类声讯产品的内容一般较其他类声讯产品篇幅长，因此语言要求更具吸引力。采编人员可熟练运用多种修辞手法以及大量优美词汇，塑造轻松有趣的语言环境，将多元有效的气象信息用生动活泼的方式传递给听众，但在文字描述时不能对预报信息做任意曲解和想象。另外，语言要求通俗易懂，尽量避免出现专业词汇，某些气象用语可以用其他表述代替。如"相对湿度低"可以用"天气干燥"代替，"锋面过境"可以用"冷空气来袭"代替，等等。这类声讯产品的内容作为整个气象服务的补充，可结合天气情况穿插各类气象科普知识、天气服务提醒等，服务大众。

3.2.4 特殊天气产品

特殊天气产品是指当出现较严重影响的天气过程时，声讯服务人员制作的相关产品。这类声讯产品主要分为两种，一种是气象台在编辑短期天气预报时增添的各类天气警报信息，它随短期预报直接转换成声讯产品，没有专门的信箱；第二种是针对气象台发布的各类预警信号而专门设置的预警信号信箱。特殊天气产品内容均由气象台发布的内容直接转换而来，与预报类声讯产品类似。在此类声讯服务中，要求服务人员更加谨慎小心，避免出错。

1. 天气警报

当预计未来浙江省较大范围内将出现台风、暴雨、高温、寒潮等灾害性天气时，预报内容视情况添加发布各类天气警报。警报主要有以下几种类型：

(1)台风消息、台风警报、台风紧急警报。预计台风将可能影响或已经影响浙江省时，追踪发布台风最新动态及未来发展趋势分析，对浙江省可能影响范围、影响程度分析，同时给出相应防御建议与指南。

(2)暴雨警报。预计浙江省较大范围将出现暴雨天气时发布。暴雨警报将详细预报暴雨影响的时段、地区和强度等情况。

(3)高温报告。盛夏季节，预计未来 3 天或以上浙江省西南地区最高温度≥37℃或其他地区最高温度≥35℃，发布高温报告。

(4)冷空气消息。每年秋冬季至次年春季，当北方冷空气将影响浙江省，预计过程降温幅度将达到 4～6℃或 6～8℃时，分别发布冷空气消息或强冷空气消息。

(5)寒潮警报。受冷空气影响，预计浙江省未来48小时内平均气温将下降10℃以上，最低气温≤4℃时，发布寒潮警报。

(6)暴雪警报。受冷空气、寒潮等影响，预计浙江省较大范围将出现强降雪时，发布暴雪警报。

(7)降温报告。预计受冷空气、寒潮等影响后，气温将明显下降时发布的有关降温幅度的报告。

(8)低温报告。当冷空气、寒潮影响过后，气温持续下降，可能出现霜冻、薄冰、冰冻、严重冰冻时，发布低温报告，报告一般预报次日至第3日的最低温度。

2. 预警产品

预警类声讯产品内容主要是由气象台发布的各类预警信号，时效性强。由于气象预警社会影响力强，因此在制作时一定要确保内容准确，应该与发布单位发布的预警内容一致，并保证在15分钟内制作完成并发布，同时保证制作岗位、审核岗位和发布岗位第一时间监听，层层把关，确保无误。

声讯内容：预警信号名称及其等级、可能出现的灾害性天气情况、已经或将可能产生的影响、相应的防御指南等。

发布时次：当灾害性天气已经影响或可能影响浙江省较大范围时，根据天气形势发展态势，制作(发布、更新)灾害性天气预警信号。

按照省级优先的原则，在没有省级预警信号时，放置杭州市预警信号，则此时预警信号信息就变更为杭州市预警信号临时信箱，省市两级均没有发布预警信号时，预警内容改为“今日无预警信号”。

3.2.5 其他产品

根据具体的业务需要，还可以开发出更多丰富多样的分信箱。目前省内各地的特色信箱有：上下班天气、周边城镇天气、旅游景点天气、农事天气、渔场天气（沿海风力预报）、交通气象（航线预报）、地质灾害预报（警）、森林火险等级、空气质量气象条件、节（假）日和重大社会活动气象专题信息等。分信箱的设置也可适时根据用户对社会热点问题、汛期天气等特别关注的信息随时调整，如中高考天气预报、春运天气预报、高温路面温度预报、水库预报、农时农事预报等。

3.3 编辑要点

3.3.1 基本要求

1. 时效性

气象声讯产品时刻在气象工作人员的关注和维护下，较少受到发布时间、设备设施等因素的限制，可以及时更新、增加或修订各项气象信息。这一方面保证了信息的时效性，另一方面也对气象服务人员的敏感性和责任感提出了更高要求。为了让用户及时得到有效的气象信息，必须保证准确的气象信息能以最快的速度传播出去，否则气象信息传播滞后，气象预报指导生活的有效性将大大降低。由于天气变化无常，除每天定时发布短期、短时天气预报外，还应适当增加实况数据，特别是在强对流天气的易发时段和汛期等灾害性天气多发期，当预报有灾害性天气临近或监测到已发生灾害性天气时，还必须在最短的时间内准确地向用户发送预警信息，使用户在第一时间获得灾害性天气预警。这样既满足社会防灾减灾的需要，又使用户能在第一时间享受到优质的气象服务，及时做好防范工作，同时给有关部门合理规划、调度生产提供依据，减小灾害性天气造成的损失。

2. 权威性

气象声讯产品的大部分素材来源于各级气象台站的实况信息和预报产品，气象声讯内容必须能准确反映天气实况和预报结论，体现权威性。声讯产品从制作到发布的全过程，都必须符合声讯发布的工作流程，在特殊时期各环节都要有专门的气象工作者审定把关。声讯用语要求用词准确，结构严谨，尤其是涉及的专业术语一定要符合行业规范。气象服务人员必须具备高度的责任心，以谨慎专业的态度面对每一次编辑发布工作，若因疏忽大意导致预报结论的错误或声讯发布的错误而遭到用户的投诉，会严重影响气象声讯服务的品牌形象。

另外，必须保证气象信息发布的一致性。即与气象预报发布单位信息一致，与短信、电视、网络等各出口一致，各项数据如实况数据、统计数据等也必须与第一手资料发布单位保持一致。

3. 以人为本

气象服务的最终目的就是服务社会，尤其是在灾害性天气发生时，要起到引导公众规避风险、趋利避害的作用。因此，气象声讯服务除了具有发布气象信息的作用，更重要的作用就是告知公众气象信息的利用和灾害性天气的规避办法，根据特定对象给予人性化提示。特别是当遇到给人们生产生活带来不利影响的天气时，提示语的形式不宜花哨，辞藻不必追求华丽，而是应该从人们的实际需求出发，说明此种天气可能造成的后果及如何采取相应的防范措施。如：夏季5—6月是雷雨天气的多发季节，常常引发雷电灾害，严重威胁人民的生命财产安全，针对这类天气，可以通过普及防雷知识达到引导公众规避风险的目的。

在充分表达气象信息的基础上，还可以使用人性化的提示用语。一句温暖的问候、贴心的提醒或是美好的祝福、适当的幽默，平添一份温馨，使气象信息更加充实而丰富，人性化的气息更加浓郁，充分体现“以人为本，无微不至”的服务理念，从而稳定用户群，发展用户群，气象声讯业务也将得到更好的发展。

4. 拨打率原则

气象声讯服务业务以声讯信箱为载体传播气象信息，因此声讯信箱的设置是公众接受、认可声讯服务的第一道关口。在信箱设置上，要体现服务意识、为民意识和创新意识。声讯信箱的设置一是要在公众需求调查的基础上，二是要在声讯拨打数据分析的基础上，一般将公众最需要的、拨打率较高的声讯信箱前置。因此做好声讯服务的公众调查，做好声讯拨打率的分析评价工作，是掌握声讯服务效果、了解公众需求变化的有效途径和必要工作之一。

3.3.2 主要方法和思路

人们的衣食住行无一不受到天气的影响和制约，而作为天气信息的传播渠道之一，气象声讯具有“灵活、多元、实时”等独特优势。与其他服务手段相比，声讯服务的特点主要集中在信箱设置和声讯内容上，因此对声讯信箱设置的思考和创新以及对声讯服务内容的加工和采编，是气象声讯服务人员在实际工作中需要考虑的两个主要方面。

在信箱设置上，要充分利用现有的气象信息，结合用户需求，推陈出新，开拓创新。随着科技的进步和技术的革新，许多新的技术手段也可以融合到声讯平台的升级改造中，服务于声讯信箱的创新发展。而对声讯内容，更需要服务人员站在用户的角度，提供更多公众想要得到的信息，同时应具备敏锐的洞察力，捕捉天气的异常变化，提供公众感兴趣的天气热点素材。

1. 发挥实时更新优势，多角度通报实况

天气实况信息公众关注度高，且与人们的生活紧密相关。而声讯产品具有实时更新的优势，因此利用声讯发布天气实况信息，尤其是当有复杂天气时，进行实况播报，是声讯服务的重要作用之一。

目前，浙江省气象服务中心专门设有杭州实况天气信箱，而在采编类声讯产品中也会加入实况内容，根据实际情况，实况内容还可以扩充衍生，如播报雪深、暴雨实况、低温冰冻情况、大雾实况等。如暴雨实况可以统计当日雨量、多日雨量等，突出实况的少见、异常等，目的是为公众了解实况天气提供方便。

在实际工作中，可以根据具体需要，在一些拨打率较高的信箱中加入实况信息。如2013年，浙江遭遇了几十年一遇的持续高温热浪天气，浙江省气象服务中心就在短期天气预报信箱中增加了实况，主要是在每天的05时、11时、16时、22时发布当时的气温情况。尽管短期天气预报信箱一般不进行人工编辑，但是这一信箱长期拨打率高，在其中加入实况，可以为公众了解气温变化提供更便捷的方式。例如浙江省气象台8月6日15时发布的全省天气预报：

由于受副热带高压控制，截至今天 15 时，我省大部地区出现 38～41℃的高温天气，共有 35 个站最高气温超 40℃，有 3 个站最高气温超 42℃，其中杭城最高气温已达 41℃（实况描写）。预计明天白天的最高温度全省 38～40℃，局部 41～42℃，部分沿海岛屿 33～35℃，希望各有关方面注意，做好防暑降温工作。全省天气预报：今天下午到后天全省晴到少云，明天早晨最低温度浙南地区及沿海岛屿26～28℃，其他地区 28～30℃。

2. 注意对灾害性、转折性和极端天气的提醒

久晴转雨或久雨转晴，长时间高温、低温变换，剧烈降温等灾害性、转折性和关键性天气是用户关心的重点，因此也是信息采编的重点，应着重提醒，以利于公众安排好生活。

当天气要素与常年相比比较特殊时，应从各个角度努力挖掘有用的信息，如历史最高、最低值，高位值等。在全球变暖的大背景下，极端天气气候事件频频发生，天气要素破历史纪录、创极值的情况时有发生，指出天气要素的极端性，可以增加新闻效应。

2013 年 11 月 10 日，有较强冷空气影响浙江，服务人员在采编信息时都抓住了这一重要信息，在服务内容中循序渐进地提示冷空气的消息。如 11 月 8 日的气象信息重点还是晴暖，但初步提到了周末天气将变化——“今明还有日光浴，周末结束小阳春”，而到了 11 月 9 日，即冷空气到来前一日，服务内容就将重点放到了冷空气对浙江省的影响，提到“冷空气今夜到明天影响我省，周日气温大幅下降”，文中还比较了气温的落差，先写 9 日白天气温较高，然后点出 9 日夜里天气要变化，气温降低而且带来晴雨转换，给予公众注意保暖等信息。例如：

翻查历史数据，11 月 9 日历史同日最高气温出现在 2006 年，

彼时杭城的最高气温一度达到了 28.2℃。今天，绝对是一个可以与之较量气温高低的一天(气温历史比较)。然而时至 11 月，这样的温度并不能常常有，但只要有强大冷锋杀过来，气温又很容易短暂升高。这个周六，就是冷空气到来前气温最后的狂欢日。因为今夜开始，北风即将抵达我省，带来的是一场明显的降温过程(提示降温)。不论今天的太阳投掷了多大的赌注，明天的冷空气终究会把它输个精光。预计明天大部地区最高气温出现在早晨时段，白天会越来越冷，大家一定要注意做好保暖工作。这次降温过程还将制造晴雨转换，未来几天阴云笼罩，雨水来访，秋寒渐重。

3. 对重要过程的密切跟踪

发布持续几天影响的天气过程，如台风、梅雨、强冷空气等，声讯服务也都显示出了其自身优势，能够较全面、较系统地通报灾害性天气的整个过程。

梅汛期服务是气象服务的工作重点之一，在梅雨期服务中要注重点面结合，既要有针对每次过程、每次暴雨的重点服务，也要有针对整个梅雨期的整体服务。在梅雨开始前，服务人员应该关注历史平均入梅时期，一般到了 6 月份就要注意梅雨天气形势，以便及时开展服务。在梅雨影响期间，注意对梅雨过程进行及时通报，了解全省前期降水情况，注意每次过程雨量，提示天气实况和对公众、各行各业的影响及防御措施等；还需关注大型水库的泄洪，滑坡、崩塌等次生灾害发生的可能，提醒有关部门做好应对工作。同时，最重要的就是做好预警发布工作。例如：

暴雨预警(重要信息突出提示)！目前强雨带已南压至衢州、金华、绍兴、宁波一线，今天白天上述地区强降水仍将持续，夜里起雨势减弱，需特别注意防范。进入梅雨季节后，暴雨等灾害性天气增加，一旦发生暴雨，住在高楼的居民应立即关好门窗，切断家用电器电源；如在街头遇到雷雨大风，行人应立即到室内避雨，不要在大树下、大型广告牌下躲雨或停留，避免意外事件发生（提示防御措施）。

梅雨季节，阴雨日多，日照时数较少，田间易发生病虫害。广大农民朋友要及时做好田间管理，及时追肥、除草，注意防治灰飞虱等病虫害（对农业的服务）。

梅汛期服务中还应关注梅雨期长短、梅雨量、过程、范围、雨强、梅中是否有伏等。梅雨期湿度大，光照少，容易造成食物、物品霉变，同时对公众身心健康造成影响，应适时发布霉变指数，并做好公众健康、养生等方面的服务提示。例如：

室内防潮，最方便的办法就是开启空调机的除湿功能，将室温降至22℃左右，相对湿度降为50%～60%。家具及时清除表面灰尘，适时让家电进入待机状态，驱散机体里面的潮气，也可用电吹风对着一些家电如电视机、电脑等外壳的小孔吹风，将电器内部的灰尘和潮气驱散出来。

当整个梅雨期结束，有关梅雨量、梅雨造成的灾害、几次重要暴雨过程的服务工作等要及时进行总结汇报。例如：

刚刚过去的这一周，可以说是雨水的“光辉岁月”，大雨暴雨都是信手拈来。然而，新一周开幕，这样的辉煌也如云烟消散。昨天上午，雨水“尾巴”扫了一下，杭州、绍兴一带还沾上短时暴雨，下午起就明显疲软，自26日以来的连续暴雨天气也终于画上句号。接下来，刷新天气背景，副热带高压开始耀武扬威，梅雨带北抬至黄淮流域，我省今日出梅了。回顾今年梅雨表现，6月7日入梅，7月1日出梅，入梅、出梅时间都较常年早，梅期24天接近常年，在此期间，我省总共经历了两次集中暴雨天气过程（总结梅雨过程）。

一出梅，我省就披上阳光，携带高温，驶向通往“盛夏”的旅程。刚刚熬过闷热潮湿，咱们又要迎来酷热的折腾，您做好心理准备了吗？未来4～6天晴热将和大家不见不散，气温大逆袭，大部地区日最高气温可达35～37℃，就算午后雷阵雨来报个到，也只是暂时浇点凉气，或许地面还未干透，热浪就又要开始翻腾了。

大家要尽量避免在强烈阳光下进行户外工作或活动，尽量穿浅色或素色的服装，戴遮阳帽或打遮阳伞。平时多喝水，特别是盐开水，出门的时候可以随身携带防暑药物，如人丹、清凉油等。另外，我们还可以在饮食上加以调节，喝些绿豆汤等。

4. 注意统筹规划，统一风格

虽然声讯信箱较多，但不可“各自为政”，在同一时期，各个信箱的服务基调应基本保持一致，这不仅显现出声讯服务的规范性，也能突出声讯服务的特色和品牌意识。如一年中天气较平静较舒适的时候，应该从哪些方面进行服务？遇到灾害性天气时，风格和用语如何把握？在每个天气周期的声讯服务中，声讯编辑人员会集中会商，全面掌握形势，统一服务思想，既要准确提供信息，又要有差异化、个性化，同时还必须兼顾社会效益、社会影响等。

如中秋假期的温馨提醒，各声讯信箱都能抓住团圆和赏月的公众心理，很好地与听众产生共鸣。

例1：一周天气展望

小长假前的天气清凉舒适，天空依然是蓝天白云携手，相得益彰，早晨微凉的感觉也退去了不少。今晨我省大部地区气温较昨日略有回升，杭州市区今日最低气温21.6℃，较昨日升高了

1.1℃。空气中浮动的花香和道路边层次逐渐明显的树木，似乎都已准备好迎接即将到来的中秋佳节。小长假3天，我省大部将不负众望有个好天气，中秋当晚大部地区也比较适宜赏月，浙南和沿海地区受阵雨影响，许是难见月光了。不过无论能否赏月，与家人团圆仍是一大乐事。

例2：气象热点

夏末，好天气拿着通行证一路欢快，阳光清亮，微风轻拂，桂香弥漫，不冷也不热，一切都恰到好处。今天终于盼来中秋，真心希望好天气能继续欢蹦，别被打搅了。天上月圆，人间团圆，这一天，赏月是必须的。今年又是"十五的月亮十五圆"，月亮最圆时刻定在今天19时13分，错过了，下次还想在农历八月十五赏到最圆月，就要到2021年了。

月亮能不能顺利地把这份娇美呈现给大家，还要问问老天爷给不给面子。不料，偏东气流来驻场，浙南和浙北的待遇就有了差别。浙北的朋友们，"皓月当空"估计是难以欣赏到了，今天多云亮相，这明显是给"彩云追月"创造机会嘛。而浙南的小伙伴们，恐怕难以安心，天气有点悬，多云到阴部分有阵雨，这阵雨到底会何时"发作"，实在不好说。不过可以统一的，那就是气温了，总体比较适宜，今天最高气温29～33℃，早晚会有些凉意缠绕，最低气温22～24℃，在外赏月还得适当添些衣裳。

初秋天气，秋高气爽，舒适宜人。天气虽美，却显得有点单调，如何使服务有特色也是值得工作人员思考的问题。2013年，浙江省在经历了7—8月高温的炙烤之后，9月上旬的天气实现"逆转"，声讯内容也抓住了公众的这一心理认同点，以优美的笔触描绘了初秋的天气。

例 1:一周天气展望

步入九月,每日清风徐徐吹拂,气温舒适宜人,阳光时隐时现,倒让人已然忘却了前两月的酷热炙烤,真希望时间就定格在这一刻。老天爷也是疼人的,这不,由未来 7 天的天气来看,杭城的清凉舒爽依旧是主题,只不过光灿灿的阳光背景被雾蒙蒙的云层和淅沥沥的雨水取代,市民朋友出门别忘带伞哦。

例 2:气象热点

当天气开始接收冷空气的讯息,也就意味着盛夏的一去不复返。今年热够了的我们,对冷空气当然格外欢迎。昨天,北方渗透南下的冷空气把降了温的天气再巩固了一番。全省大部地区昨天最高气温 28～30℃,省内最高为永嘉 31.9℃,杭城昨日最高温 28.9℃。今晨全省最低气温也再次回落,大部地区均在 20℃ 以下。杭城今日最低温 20.3℃,较昨日下降 2.6℃。这样的清晨,若是穿单薄了,还真容易被风一吹就起一身鸡皮疙瘩。

风是真凉快,天气是真清爽,心情是真真好。拥堵的早高峰也不似前期那么煎熬,迎着和煦的朝阳,新一周的开始非常友好。确实,在未来三天,全省都将维持多云的天气,云淡风轻,气温适宜。像今天,全省的最高气温一般为 29～31℃,其中杭城今明的最高气温都在 29℃ 左右。这样穿着夏装,享受着自然风,肯定是一年之中最贴近空气的时候了,有空闲的朋友可以到处兜兜转转玩赏起来。

遇到灾害性天气时,服务人员更应该严谨慎重,整体的服务基调必须体现更多的关怀和人性化,应始终从公众的角度出发准确描述天气、阐述天气变化,发布专业指导和适当贴切提醒。文章情绪基调等要把握得当,既要保证文章的可读性,又不能太夸大其词。

例 1:气象热点

过去的一周对于杭城而言注定难忘。连续一周最高气温超过40℃,5 天气温超过 41℃,最高于 9 日达到 41.6℃,创杭城历史纪录。气温屡现极值,今年夏天俨然成为一场高温的锦标赛,全省各地“竞技”高温。昨天,我省共有 34 个县(市、区)最高气温超过40℃,其中新昌最高达 44.1℃,再创我省气温最高纪录。

热浪何时方休?只怕现在还是个奢望。今天才进入末伏,副高未曾泄气,天气难以改变高温现状。省气象台昨天 16 时 35 分继续发布了高温红色预警信号,预告今天仍旧难逃酷暑。

转眼已入 8 月中旬,回顾上旬,全省气温平均 31.3℃,比常年同期偏高 2.8℃,旬降水量全省仅为 12.3 毫米,比常年同期偏少 8 成之多。数据也好,体感也罢,无论哪一方面我省人民今夏都遭受了前所未有的高温刺激。健康、农业、供水供电、工业生产也普遍受高温灾害影响。同时,火灾、交通事故等明显增多。预计近期高温灾害影响可能还会加重,建议市民朋友和相关部门不要放松警惕,必须做好防暑工作、降温工作、安全工作以及抗旱工作。

例 2:一周天气展望

杭城的高温“热曲”还在单循环,过去的一周更是“高潮”迭起,每天的最高气温都超过 40℃,5 天气温超过 41℃。“成绩”虽然闪亮,但市民朋友的日子却是难熬了,各种消暑利器上场还是不够过瘾,只盼着太阳能稍微偷点懒,给雨水来点发挥的空间。好在从本周的预报来看,午后雷阵雨有所增多,与气温“厮杀”到何种地步,我们拭目以待。

5. 贴近公众生产生活

声讯服务可以渗透到生产生活的方方面面,不少地市依托自身特点优势开辟了各式各样的声讯信箱，如生活指数信箱、旅游指数信箱、养生信箱等，同时在声讯内容中，也可以增加贴近百姓生活的信息，如对二十四节气的关注和提示。二十四节气为中国大众普遍接受，一些节气和民间文化相结合，已经成为人们的固定节日。同时，节气也与天气变化紧密联系，很好地将气象、养生、文化结合起来，为公众所关注和喜爱。例如：

大暑节气，不仅高温而且潮湿，暑湿之气很容易乘虚而入，从而引发“中暑”。咱们见招拆招，大家首先要充分补水，不能等渴了才想到喝水，最好适当喝凉开水或盐开水；少吃冷饮，其实吃的越凉越容易中暑；如有外出需要，最好备点藿香正气水、十滴水等；待在室内，空调不要开得过低，因为室内外温差大也将直接引发中暑。

在其他时节，碰到天气异常的时候，也可以适时提出有意义的身体保健和顺应天时的各种生活“秘方”与公众分享。例如：

湿冷天气下，要做好防寒保暖工作，不妨参考以下三点：第一，吃暖。就是吃进嘴巴的食品，必须是温热的。第二，穿暖。除了外出要穿保暖衣物，在室内时也要注意避免不穿袜子，尤其下雨的时候，湿气容易透过脚部影响身体。第三，睡暖。除了使用空调、暖炉等电器产品，可在雨雪天气来临时启用除湿机或者开启空调的除湿功能。

春光明媚或秋高气爽的时节，也应努力挖掘信息点，如与公众分享旅游的好去处，可提醒公众进行踏青、放风筝、赏花、登高等活动，预报各项生活指数等。

有些时候天气看似不错，却也可能有公众忽略的健康隐患。如天气连续晴好，可能容易出现灰霾天气，或者天干物燥，火险等级较高、人体易缺水等。这些服务要点的把握，还需要服务人员在实际工作中多留心多总结，在适当的时候提出合理的提示，切实让公众感到有用，体现服务价值。例如：

深秋来临，很多病症也开始袭击人们，我们需要做好“四防”——防秋燥、防秋郁、防湿邪、防贼风。那该怎么防呢，在这里，给大家一个口诀：早睡早起防秋燥，生活规律防秋郁，和胃健脾防湿邪，加强保暖防贼风。

6. 注重信箱的灵活性，应需而变

浙江省气象服务中心将气象热点信箱设置为动态信箱，常常为了适应公众需要，变更为各类临时信箱，如春运天气信箱、中高考天气信箱、台风动态信箱等。各类临时信箱在特殊时期发挥了重要的传播气象信息的作用，同时因其极高的服务针对性而获得公众的关注和认可，信箱的拨打率有时候远远高于常规信箱。因此，做好这些信箱的内容编辑和服务工作非常重要，同时也需要服务人员不断打破常规，为适应天气变化和满足公众需求，开发出更多有创意、有生命力的信箱。

春运天气信箱：每年的春运关系亿万百姓，春运天气信箱贯穿整个春运期间，从春运开始就每天提供本省及全国的天气预报资讯，在天气转折时秉持“早一分传达，多一份保障”的信念，特别是在往返高峰期时尽早及时地把天气信息、气温变化情况等传递出去，同时为广大百姓分析不利天气的影响，为公众旅途的准备工作献计献策。

冷空气来临，适逢春运出行高峰期：

昨夜浙江大部地区均出现了降水，6 日 20 时—7 日 07 时，有两个站降水量超过 10 毫米，最大为苍南浦亭 10.3 毫米，杭州为

0.4毫米。今晨受冷空气影响，气温已下降。截至07时，全省大部地区24小时变温为−3～−1℃，其中直至10时，杭州的气温已经下降至3.7℃。寒风嗖嗖，小阳春成为记忆。

阴雨吞噬了黑夜，黎明迎来北方的风。距离除夕团圆夜只剩两天，平安回乡成为游子们节前最大的夙愿。无奈今天下午起全省的低温雨雪天气将化身无情的拦路虎，其中今夜到明天，浙中北大部地区将出现中到大雪，局部有暴雪，浙南地区相对安全，以降雨天气为主，其中山区有雨夹雪或雪。这次降雪天气将造成浙中北大部地区积雪深度达3～8厘米，局部达10～15厘米或以上，交通、铁路、航空等部门要注意防范降雪、积雪、道路结冰、低温雨雪对春运出行带来的不利影响。降雪天气预计除夕起将有所减弱，届时气温将跌入冰点以下，春节长假期间不会出现明显的降雪和冰冻天气。因此，今天白天是节前出行的最好机会，外地朋友可抓紧出发。今天白天以后出行的朋友务必要结合气象服务信息，合理安排行程，途中格外注意安全，谨慎驾驶，并要做好保暖工作。

春节长假结束，大雾阴雨影响：

春节七天乐，一晃而过，今天迎来蛇年的第一个工作日。这个假期，阴雨占据绝对优势，寒意也是毫不逊色。大概为了宽慰大家的心情，上班第一天，老天爷派遣多云天气来撑场面，运气好的话，还会漏点阳光出来。只是，喜忧参半，今晨雾气也赶着来凑热闹，浙中北部分地区出现能见度小于1000米，局部小于200米的浓雾。为此，省气象台于05时50分拉响了大雾橙色预警信号，大家出行路上要注意安全。今明两天我省天气情况总体不错，多云唱主角，浙北地区明天傍晚前后起小雨穿插进来。伴随着好天气气温会升高一些，今天最高气温浙北和沿海地区10～12℃，其他地区 13～15℃。

然而，阴雨不会就此罢休，养精蓄锐两天之后又将卷土重来。18 日到 19 日冷空气将再度来袭，到时，我省降水、降温和大风一个都不会少，全省将重新被拖入阴冷的雨水天，所以要洗洗晒晒的朋友还得抓牢今明两天了。近期又是长假返程高峰，大家还得根据天气变化，适时安排出行。

高考天气信箱：一年一度的高考大战期间，广大考生和家长都会对天气资讯格外关注，在声讯内容中不光有他们急于知晓的高考三天天气信息详尽的阐述，更有天气状况对高考的利弊分析，而在不利天气条件下如何趋利避害等方面也有不少的建议，同时还为考生送上衷心的祝福。高考首日天气分析：

一年一度的高考就在今天拉响号角。有关高考，总被紧张的气氛萦绕，老天爷也深陷其中，或许过于紧张，错把雨水派来助考了。昨天下午起雨水就从浙西南地区进攻我省，到了后半夜全省都泡在雨中，截至今日 09 时，近 12 小时杭州降水 36.4 毫米，而浙中北部分地区已经达到大到暴雨，局地大暴雨，多个地市纷纷拉响暴雨预警信号。

今日是高考首日，雨势丝毫不减弱，大雨暴雨天气像一个小炸弹在今天炸响，省气象台于 09 时 15 分拉响暴雨黄色预警信号，预计未来 6 小时内，杭州、湖州、嘉兴、绍兴、宁波以及金华北部、衢州北部、台州的部分地区将出现 50 毫米以上的降雨。8 日雨带集中往浙南地区挺进，所以浙南地区局部仍有大雨，而浙中北地区可以卸下包袱，雨势将明显减弱。9 日随着高考进入尾声，这次暴雨过程也宣告终结，全省多云到阴为主，只是部分地区来点小阵雨。

雨水是把双刃剑，它一边把交通折腾得够呛，一边又带来无尽凉爽。高考期间，我省大部分地区最低气温一般在19～21℃，白天最高气温一般在24～26℃。没有高温困扰，有利于考生保持思维活跃，但是空气相对湿度较大，微微有些闷，要注意科学防范。今年高考，连日阴雨成为赶考出行的大障碍，尤其是今天早高峰雨水气势强，加上端午节调休，使得6月8日和9日变成工作日，考生赶考时间一旦和早高峰相碰撞，交通堵塞可想而知。所以，考生赶考时间要尽量提前，自驾车送考的家长要对车况做好充分检查，小心驾驶，做到万无一失。

7. 重视部门间合作，提供更多元化的信息

声讯服务较少受到篇幅的限制，同时具备多信箱设置的优势，因此在声讯服务中可以加入更多元、更全面的信息。近年来，为有效应对气象条件引起的重大的突发公共事件，气象部门加强了与社会其他部门的合作，多方面地提供对公众有用的信息，真正做到从公众的需求出发，提供更多更全面的服务。

如与疾控部门、卫生厅等合作，向社会公众提供专业的提示和提醒。如国庆长假后，我们与疾控中心一起发布：

许多人在长假后会出现疲倦、肠胃不适、头晕等症状，医学上称之为节后综合征，主要是由于长假期间饮食、睡眠的不规律引起的，所以长假最后一天，建议您调整作息时间，修养身心，以适应节后的工作学习。

再如2009年年末，针对当时网络盛传的甲流疫苗不安全的谣言，气象服务人员巧借天气变化之际，提醒用户注意预防甲流，并合理引出“接种甲流疫苗安全可靠”的话题：

天气多变时节，提醒公众朋友们注意预防甲流袭击，省疾控专家特别提醒，接种甲流疫苗安全可靠。

再如连日晴热高温天气下的服务提醒：

晴热天气，中暑概率激增、用水用电紧张、室外车辆自燃等生活囧事相应层出不穷，省卫生厅应急办提醒广大市民朋友要做足降温防暑工作，尽量避免高温时段进行户外活动或作业，舒适生活，健康工作。

每年11月至次年4月的火险高发期，以及农业生产的关键期，都是服务人员应把握的关键点，在合适的时候与相关部门共同服务公众。如连续阴雨天气下对农业的服务提醒：

近期雨水频频，农民朋友要关注连续阴雨及短时强降雨可能给农业生产等带来的不利影响。早稻要做好田间管理，大棚蔬菜、瓜果要注意防范雷雨大风的侵袭。

8. 突出在科普宣传方面的作用

当前气象科普宣传工作越来越重要，其他气象服务手段由于受到许多其他因素的制约，在科普方面发挥的作用有限。而声讯信箱的设置比较灵活，可以单独开辟针对科普宣传工作的信箱，长期、稳固地进行气象知识的科普、气象现象的解释、气象工作的宣传等方面的工作。例如：

进入春季，强对流天气开始增多，几乎在冬日不出现的雷暴天气，也从春季开始变得活跃。昨天夜里到今天早晨，衢州、金华、丽水、温州、台州的部分地区出现了强雷电天气，杭州也不甘示弱，从昨天00时到今天08时，杭州累计地闪3486次，难怪不少人调侃杭州已经进入“雷电模式”了。不过，在所有的气象灾害中，雷灾是唯一可防的。比如下雨打雷的时候不要站在旷野中，也不要站在大树底下，不要在水中游泳或者在岸边停留，应该迅速躲进有防雷保护的建筑物里，无处避雷时应该在低洼处双脚并拢蹲下，尽可能降低高度。相信掌握这些基本的防灾小常识，可以有效地降低雷灾的发生率。防灾减灾，从我做起！

9．注意与各类重要新闻的结合

由于气象声讯接受群体范围广，具有便于拨打收听的优势，因此除了每天向公众传递天气变化信息，还可以传递新闻信息。当有重大的、关注度极高的国家大事发生时，声讯中也可以适当增加相关内容。因此要求声讯编辑人员善于观察生活，具备捕捉时事新闻的敏感性，找寻当地的焦点问题及社会的热点新闻来采编声讯内容。

10．与新媒体嫁接，突显新意

在新媒体、新技术突飞猛进的当下，声讯服务产品也尝试与新媒体嫁接。如浙江省气象服务中心将气象热点与微博、微信捆绑，还将全文置于“浙江天气网”头条，以更新的姿态服务公众。同时，不少声讯服务的文章在网络上被转发，在更大范围内服务了公众。而这一结合，也给气象热点信箱内容编写提出新的要求，即不仅要适应声讯信箱的特点，同时还要借鉴新闻的手法，以更突出重点的表现形式进行编辑。

2013年12月初，浙江遭遇“霾伏”，浙江省气象台于12月4日中午发布了首个霾黄色预警信号，并预计本省大部分地区霾仍将持续并有加重可能，其中浙北大部分地区有中度到重度霾，本省的空气污染会进一步加重。另外，近期浙江冷空气活动弱，地面始终处于高压中心附近，风力较小，不利于污染物的扩散，雾霾天气仍将持续。

针对这个对公众各方面影响都比较大的气象新闻热点，采编人员多方搜集资料，以“雾霾”为切入点，以提醒“公众防护”为目的，以专业的态度组织了一篇综合性的稿件，强化了气象服务效果。

雾霾倾城　公众需做好防护

空气污染预警再度拉响

本是连续晴天，又兼风和日丽，市民出游雅兴正浓。不料，空气中的 $PM_{2.5}$ 值，却屡屡爆出不合格信息。

这场灰霾，席卷东北、华北、华中、华东甚至西南地区，影响范围堪称今冬最大，我省昨天至今天也深陷严重雾霾之中。

昨天 21 时 50 分，省气象台已将霾黄色预警信号升级为霾橙色预警信号，今天 07 时发布大雾橙色预警信号，提醒公众务必做好防范雾霾的工作。

我省 11 地市全体沦陷

灰霾持续，大雾加盟，我省是重灾区，各地市均遭殃。

今天 08 时，$PM_{2.5}$ 实时浓度数据显示我省 11 地市全部遭污染，中度污染达 10 个，重度污染达 8 个，其中嘉兴、绍兴地区达到严重污染级别。杭州 08 时 $PM_{2.5}$ 实时浓度为 231 微克/立方米，空气质量指数逼近六级(严重污染)。而昨天，11 地市中还有丽水独善其身，空气质量等级为良，但今天随着本次雾霾过程的扩大也都一并沦陷。

天气稳定雾霾一时难散

众所周知，冷空气是驱散雾霾的唯一救兵，但未来几天我省主要是受弱冷空气影响，天气多云，气温少起伏，因此雾霾还将持续困扰我省。想要摆脱雾霾，只能寄希望于下一次冷空气来得更强一些，而这起码要等到 9 日以后，多少有点让人望眼欲穿。

应对雾霾全城戒备

雾霾横行，对人体健康极其不利，给人们的交通出行带来较大不便，因此提醒公众要做好防护措施，减少外出，尤其是老人与小孩，外出可佩戴口罩。其次，针对可能出现重度空气污染的区域，应采取应急措施，减少污染物排放。另外，由于能见度降低，建议有关部门加强机场、港口和高速公路的交通安全管理工作。

3.3.3　注意事项

1. 工作流程方面

(1)声讯服务涉及设备稳定性问题，声讯语音可能存在不能及时转出或者转出不流畅甚至出错等问题，因此更需要服务人员具备高度责任心，按照规定流程密切监听声讯。

(2)声讯服务产品一般每天有固定的更新频次，但是天气却时刻在变化，实况数据不断刷新，甚至预报内容也会根据天气实况有所修正。而发布出去的声讯内容涉及修改订正的部分，必须保证尽快更正，确保公众接收到的气象数据或预报都是最新、最真实有效的。

(3)遇到声讯产品未及时更新或出错时，应按照流程及时通知相关人员处理，不可拖拉延误。

(4)对待预警声讯一定要特别谨慎。预警内容应由相关部门、领导审核，保证内容准确无误，第一时间及时发布，并保证各项环节不出差错。

2. 遣词造句方面

(1)声讯产品是公众靠拨打收听获得信息的，因此在语言上要符合人们听觉的习惯，在文字运用、结构编排上要注意合乎规范，尽量少出现生僻怪异的字词，少出现艰涩难懂的修辞。同时，注意断句，不应有长篇大段，让公众听得不知所云。

(2)声讯产品一般不受篇幅限制，而公众在"听预报"的情况下，也希望享受语言的乐趣，因此特别考验服务人员文字采编的功底，要求语言要更具吸引力，且在通俗易懂的基础上经常运用多种修辞手法，大量优美词汇，塑造轻松有趣的语言环境，将多元的、有效的气象信息用生动活泼的方式传递给听众。内容方面要发挥特色，与其他气象服务方式互为补充，注意在气象科普知识、天气服务提醒等方面做出特色，服务大众。遇到重要天气、灾害性天气时，声讯内容应及时添加温馨提示、提醒，不离题、不错误，也切忌不懂装懂、贻笑大方，时刻体现服务的宗旨和理念。

(3)文字描述不能对预报任意曲解和想象。气象声讯内容应忠实于天气预报，应在准确表述天气和传达预报内容的基础上，发挥服务采编人员的主观能动性，做到准确贴切、流畅活泼。

(4)注意服务用语和服务基调的把握。当有灾害性天气影响时，不宜用喜庆的语气。

(5)声讯服务产品中的预报类产品要求严谨权威，而采编类等其他产品灵活度较大，常常"不拘一格"。气象声讯的目的是让公众掌握气象信息，因此在自由发挥、展示创意的过程中，应避免过于散漫随意或标新立异，以免公众费解甚至产生曲解、误解。

(6)注意不要出现有歧义或有语病的服务用语。如不要写成"截至今晨06时，杭州最低气温××度"，应写成"截至06时，杭州今晨最低气温××度"。又如"近3小时杭、嘉、湖已出现明显降水，局部50毫米以上，今夜到明天浙中北仍有强降水，其中杭州有大雨到暴雨局部大暴雨，注意防范"，文中使用了"其中"一词，很容易造成只有杭州雨量比较大的歧义，实际当天预报杭、嘉、湖雨量都有局部大暴雨，因此可写成“近 3 小时杭、嘉、湖已出现明显降水，局部 50 毫米以上，今夜到明天浙中北仍有强降水，注意防范”。

3. 信息选取方面

(1)要突出热点、焦点，以本地天气为主，适当顾及全省其他地区的情况。如某日杭州最高气温 39.4℃，位列历史第 11 位，但安吉创出历史最高，并且由于前一日杭州已经超过 39℃，已在声讯中做过实况通报及提醒了，所以这种情况不一定要再写杭州的最高温，可以写安吉的破纪录温度，适当取舍，突出重点。

(2)重要灾害性天气不可过早提示，应在比较有把握的情况下对外提示。如若天气变化较大，容易被动，决策资料一般不可过早在对外服务中披露。

(3)气象小知识一定要和当时天气相结合。如在 8 月上旬就提示秋老虎，就不是很妥当，时机不好，一般在 8 月下旬和 9 月上旬出现高温时提示。又如刚过立秋，天气依旧酷热，与酷暑并无分别，此时提示立秋之后，饮食应少辛多酸也不恰当。

(4)太长时间段的未来天气信息一般不提。一般的声讯内容以 3 天以内天气预报为主，一周以上天气预报可在一周天气声讯信箱中提醒。

(5)某些敏感信息，应谨慎提示，如果不确定则避开。如入春、入夏、入秋、入冬的具体时间，秋老虎、倒春寒等。

(6)描述全省的气温实况时，宜采用区域性或大部分来表示(如 75%，一般不必写具体几个站)。写最高温度宜采用县级站点，不宜用中尺度站点数据，而统计雨量时，可以用中尺度站数据。

3.4 浙江省特色气象声讯服务

3.4.1 省本级特色信箱

1. 台风动态信箱

台风是对浙江影响最大的天气系统之一，几乎每年都会有数个台风登陆或影响浙江。每当台风临近或影响时，专业、详尽、及时、完整的台风动态消息是全社会各行各业和普通老百姓们都非常关注的焦点。因此，每一次的台风气象服务都在进步、完善。台风动态声讯产品很好地契合了公众的需求，在台风影响期间实时更新台风最新位置、强度等信息，逐步形成了公众了解台风变化情况的最有力的产品之一。台风动态信箱也成为各类信箱中拨打率最高的信箱。

台风动态声讯内容一般包括西太平洋生成的台风自生成到消亡整个过程定位动态情况，包括台风中心位置、强度、中心附近最大平均风力、移速、移向等。台风登陆或已经影响浙江时，除每小时发布一次定位信息外，还增加台风风雨影响实况监测信息。

发布时次：台风生成后，02、08、14、20 时每 6 小时更新一次；台风进入影响浙江前 48 小时警戒线后，每 3 小时更新一次；进入影响浙江前 24 小时警戒线后，每 1 小时更新一次。

以 2012 年登陆浙江的第 11 号台风“海葵”的声讯服务为例，在台风生成、台风进入 48 小时和 24 小时警戒线、台风登陆、台风影响结束各个阶段，声讯服务始终贯穿整个过程，并随着各个阶段的发展，动态内容有的放矢、循序渐进，为大众百姓提供了一个可靠、专业、及时的获取途径。在以下各例中也可以看出台风动态的语言特点：精练简洁，用词斟酌准确，用最短的语句传递最大的信息量，内容全面。

台风刚编报时，率先通报：2012 年第 11 号热带风暴“海葵”8 月 3 日 08 时中心位于北纬 23.2 度、东经 140.7 度，最大风速 18 米/秒，中心气压 1002 百帕。

热带风暴“海葵”刚刚编报，声讯动态及时更新发布了它最新的位置、风速、气压的信息。而这些基本信息只做了解及关注使用，因为此热带风暴还刚生成，距离较远，后续路径预报存在很大不确定性，公布过多的不确定信息只会给公众带来误解和误导。

进入 48 小时警戒线：2012 年第 11 号热带风暴“海葵”8 月 5 日 08 时中心在台州东南偏东 838 千米琉球群岛以东洋面上，即北纬 26.7 度、东经 129.3 度，中心气压 990 百帕，最大风速 23 米/秒，目前以 15～20 千米/时的速度向西北偏西方向移动，强度缓慢加强。

此时公众对该台风消息的关注度提升，台风动态应及时完善，除基本信息外增添动向、移速及基本发展趋势等信息，给公众更全面的信息了解。

进入 24 小时警戒线后的台风动态，公众对其关注更为密切，急于了解更为全面的信息，登陆的各种预测成为重中之重的焦点，台风动态也应景顺势，在位置、风力、气压、移向、移速等基本信息的基础上，将可能登陆区域、登录时间等信息同时对外发布，并且随着时间的推移和台风的临近，对登陆区域、登陆时间等进一步精确，第一时间调整发布，为全社会各行各业的抗台工作提供信息支持。在这 24 小时内，声讯电话拨打量显著升高，最高峰达到

1万次/天，可见最能满足公众需求的服务信息就是最好的信息，气象声讯服务的社会和经济效益得到较大体现。

台风登陆：2012年第11号台风“海葵”8月8日03时20分在我省象山县鹤浦镇（三门湾北侧）登陆，登陆时中心气压965百帕，中心最大风速42米/秒（风力14级）。8月8日06时其中心位置在我省三门湾水面，也就是在北纬29.1度、东经121.7度，中心气压970百帕。

在“海葵”登陆后，台风动态第一时间发布登陆时间、地点、登录时台风强度、气压、中心风力等信息，给公众及时、全面的资讯了解。

影响结束：2012年第11号热带风暴“海葵”8月9日07时中心位于北纬30.7度、东经117.1度，最大风速20米/秒，中心气压990百帕。预计“海葵”未来将以10千米/时左右的速度向西北偏西方向移动，强度继续缓慢减弱。减弱后的低压可能在皖南部停滞少动。

“海葵”登陆后对浙江影响加剧，因此登陆之后台风动态内容仍是每小时更新一次，对台风进行实时追踪定位和监测，方便社会大众及时、便捷地获取信息。直至“海葵”横穿浙江北部移向安徽省内，同时减弱为低压系统，对浙江影响减弱后，本次声讯服务才算圆满结束。

2. 气象热点信箱

气象热点没有固定内容，它既是一种气象服务产品，又是一种新闻产品，立足于最新的天气动态和天气预报，针对用户的生活服务需求，抓住用户的关注点，对气象热门话题、焦点问题加以叙述，为用户提供贴切、合适的建议和提醒。

气象热点顾名思义包含“气象”和“热点”两大要素，因此敏锐捕捉近期的“最‘热’天气事件”是这个信箱的特色之一，一般侧重于对短期天气的较综合的报道，给予采编人员自由发挥的空间也较大，因而形成了较为生动活泼的特色。

3. 一周天气展望信箱

一周天气展望信箱结合了采编类和预报类产品的特点，既有服务人员根据天气采写的天气变化要点，也有严谨的一周天气趋势预报内容。采写天气要点一般采取三段式，即前期天气总结＋实况＋中期天气趋势。例如：

昨天到今天我省出现严重雾霾天气，省气象台发布霾橙色预警，大雾橙色预警（前期天气）。今晨我省中北部地区出现了能见度小于1000米，部分地区小于500米的大雾，预计上午以前上述地区的大雾仍将持续，今天浙中北地区的中度到重度霾也将持续（今天实况）。预计未来3～5天我省多受弱冷空气影响，以多云天气为主，气温起伏不大。9日前后受冷空气影响，我省有一次降温和大风天气过程（天气趋势）。

4. 气象万千信箱

气象万千信箱是借助声讯服务的优势，专门开设的以科普宣传为目的的信箱，是气象部门进行科普宣传的主要阵地之一。

信箱内容主要涉及各类气象科普知识，包括气象生活、气象常识等。这类声讯的实用性很强，也比较受公众欢迎。当有灾害性天气发生时，声讯编辑人员应采集编辑相关天气带来的危害、防御措施、相关知识等来提醒用户注意，以达到防灾减灾的目的。如防雷常识“电闪雷鸣时注意关闭电器，不在树下躲雨，莫在水面停留”等。

(1)公众关注的与生活息息相关的话题。如：

城市内涝

城市内涝是指由于强降水或连续性降水超过城市排水能力，致使城市内产生积水灾害的现象。造成内涝的客观原因是降雨强度大，范围集中。降雨特别急的地方可能形成积水，降雨强度比较大、时间比较长也有可能形成积水。

地势比较高的地区不容易形成积水，例如苏州、无锡等老城虽然是水乡城市，但是因为都选择建在地势比较高的地区，所以不容易形成积水。而城市范围内地势比较低洼的地区，就容易形成内涝。城市建设用地选择地形地貌非常重要，如果选择在低洼地或是滞洪区，那降雨积水的可能性就非常大。

城市内涝的特点

首先，城市内涝在中国比较普遍。从发生的区域来看，以前主要发生在一些沿海地势比较低的地区，现在内陆城市也经常发生。过去城市建设用地面积小，可选择的区域比较大，一般都选择在地势比较高的地区建设，而现在，城市用地十分紧张，可选择的余地少。其次，城市中某些特定地点的内涝发生率较高，例如立交桥、地下通道等。随着现代城市规模的快速扩大，城市建设中的排水内涝也出现许多新问题。例如很多地方的立交桥下，降雨后会积水，地下过街通道、铁路桥、公路桥也存在类似的情况。而立交桥等在农耕社会是不存在的。

内涝初期防范要点

暴雨来临前请找好一个安全的地方，并停留至暴雨结束为止。暴雨中的安全地方是指牢固的、地势较高的建筑物。如果暴雨已经开始，自己所处位置危险，尽可能联络相关的救援人员和家人，告知你的具体位置，以在出现突发情况时方便救援。如果路面开始水浸，请不要贸然涉水，因为部分窨井盖被掀起但行人难以察觉，宁愿停在路中淋雨也不要试图过水。

(2)对各类天气气候问题的解释。如：

风为什么是雷雨的排头兵？

雷雨来临之前，经常是大风先到。其因是炎热的夏季，近地面空气增温剧烈，在有利的天气系统影响下，暖湿空气势力特别强盛。尤其是在水平气流遇到山脉、高地阻挡时，一方面由于地形强烈的抬升作用，促使暖湿空气沿着山坡上升；另一方面，山地对近地层的空气又有加热作用，使空气膨胀上升，容易形成雷雨云。因此，雷雨云中，既有强烈的上升气流，又有下沉气流。

从雷雨云中下沉的冷空气到达近地面以后，会迅速向四周扩散，形成一个冷空气堆。由于下沉冷空气的密度较大，冷空气堆的气压迅速上升，形成一个冷高压，称为雷雨高压。这样，在小的区域内出现了较大的气压差，于是便刮起了狂风。风从雷雨高压中心向四周地面倾泻时，速度会骤然加快，一般可达每秒十几米，有时可达到每秒 30 米以上。阵风过后，雷电迅速到来，随之紧跟的是能产生降水的低气压，这时雷雨也随即出现。所以，大风往往出现于雷雨以前。

不过，并不是所有的雷雨发生之前都先刮大风。有时凶猛的狂风与雷雨同时袭来，有时布满天空的雷雨云只打雷下雨而不刮大风，这是因为对于某一次雷雨天气来说，由于形成雷雨的具体时间、地点和条件不一样，再加上其本身的一些特点，所以也有例外的情况。

山体滑坡和泥石流的特点及防范

滑坡是指山坡在河流冲刷、降雨、地震、人工切坡等因素影响下，土层或岩层整体或分散地顺斜坡向下滑动的现象。泥石流是指在降水、溃坝或冰雪融化形成的地面流水作用下，在沟谷或山坡上产生的一种挟带大量泥沙、石块等固体物质的特殊洪流。滑坡的特点是顺坡“滑动”，泥石流的特点是沿沟“流动”。地形坡度较缓时，滑坡、泥石流的运动速度较慢；地形坡度较陡时，滑坡、泥石流的运动速度较快。

防范山体滑坡和泥石流应注意以下几点：①逃避山体滑坡重在识别前兆：崩塌的前缘掉块、坠落，小崩小塌不断发生；崩塌的脚部出现新的破裂形迹，能嗅到异常气味；不时能听到岩石撕裂、摩擦、碎裂的声音；出现热、氡、气、地下水质、水量等异常；动植物出现异常现象。如果发现这样的征兆就要及早转移撤离。②泥石流往往发生在特定的泥石流沟谷中，泥石流沟谷上游像漏斗、饭勺、树叶，中游深且窄，下游则较为开阔，沟谷上、下游相对高差一般在300米以上。如果沟谷上游存在山塘水库或沟内地下水丰富，在遇到连续强降雨天气时，更易暴发泥石流。当听到山沟内有轰鸣声或看到主河洪水上涨、正常流水突然断流，应立即采取逃生措施。逃跑应该朝着沟岸的两侧山坡跑，不要停留在低凹处。

(3)最新科学研究的前沿成果。如：

强冷空气有助于生态平衡

很少被人提起的是，强冷空气也有有益的影响。地理学家的研究分析表明，强冷空气有助于地球表面热量交换。随着纬度增高，地球接收太阳辐射能量逐渐减弱，因此地球形成热带、温带和寒带。寒潮携带大量冷空气向热带倾泻，使地面热量进行大规模交换，这非常有助于自然界的生态保持平衡，保持物种的繁茂。

气象学家认为，强冷空气是风调雨顺的保障。我国受季风影响，冬天气候干旱，为枯水期。但每当强冷空气南侵时，常会带来大范围的雨雪天气，缓解了冬天的旱情，使农作物受益。“瑞雪兆丰年”这句农谚为什么能在民间千古流传？这是因为雪水中的氮化物含量高，是普通雨水的5倍以上，可使土壤中氮元素含量大幅度提高。雪水还能加速土壤中有机物的分解，从而增加土中的有机肥料。大雪覆盖在越冬农作物上，就像棉被一样起到抗寒保温作用。

有道是“寒冬不寒，来年不丰”，这同样有其科学道理。农作物病虫害防治专家认为，强冷空气带来的低温，是目前最有效的天然“杀虫剂”，可大量杀死潜伏在土中过冬的害虫和病菌，或抑制其滋生，减轻来年的病虫害。据各地农技站调查数据显示，凡大雪封冬之年，农药可节省60％以上。

强冷空气还可带来风资源。科学家认为，风是一种无污染的宝贵动力资源。举世瞩目的日本宫古岛风能发电站，寒潮期的发电效率是平时的1.5倍。

3.4.2　地市(县)特色气象声讯

从表3.1中可看出，各地市气象局依托当地的风土人情、气候特征等对本地的声讯业务都有不同方面的展开和侧重，因此声讯的设置和内容也都具有鲜明的地域特色和专业服务特色。比如浙江拥有丰富的海洋资源，发展海洋经济有着独特优势，因此浙江的沿海地市一般都设有海洋天气预报或风力预报等；浙江旅游资源丰富，各类景点繁多，当地气象部门为旅游业的发展提供保障和支持，均设有景点的精细化天气预报；浙江也是综合性的农业高产区域，在浙江几个农产大市均设有农事天气预报。

表 3.1 浙江各市(县)特色气象声讯信箱设置

<table>
<tr><td>城市</td><td>宁波</td><td>台州</td></tr>
<tr><td rowspan="10">信箱设置</td><td>短期天气</td><td>短期天气+未来趋势预报</td></tr>
<tr><td>3～7 天预报</td><td>各县市实况、短期天气</td></tr>
<tr><td>3 小时预报</td><td>1～5 天海洋天气</td></tr>
<tr><td>天气实况</td><td>各时段降水信息</td></tr>
<tr><td>今日提醒</td><td></td></tr>
<tr><td>双休日、节假日预报</td><td></td></tr>
<tr><td>旅游天气预报</td><td></td></tr>
<tr><td>高速公路路况信息</td><td></td></tr>
<tr><td>海洋与环境预报</td><td></td></tr>
<tr><td>县(市)天气预报</td><td></td></tr>
<tr><td>城市</td><td>杭州</td><td>金华</td></tr>
<tr><td rowspan="10">信箱设置</td><td>短期天气预报</td><td>短期天气</td></tr>
<tr><td>一周天气预报</td><td>历史上的今天</td></tr>
<tr><td>全省天气预报</td><td>天气实况</td></tr>
<tr><td>3 小时预报</td><td>3 小时预报</td></tr>
<tr><td>天气实况</td><td>一周天气预报</td></tr>
<tr><td>气象热点</td><td>全国主要城市预报</td></tr>
<tr><td>高速公路能见度预报</td><td>生活指数预报</td></tr>
<tr><td>森林火险等级预报</td><td>今日特别提醒</td></tr>
<tr><td>钱塘江潮汐预报</td><td>当前预警信息</td></tr>
<tr><td></td><td>其他县(市)天气预报</td></tr>
<tr><td>城市</td><td>丽水</td><td>衢州</td></tr>
<tr><td rowspan="10">信箱设置</td><td>3 小时+短期天气预报</td><td>短期天气</td></tr>
<tr><td>今日热点</td><td>各县(市)预报</td></tr>
<tr><td>养生信息</td><td>3 小时预报</td></tr>
<tr><td>实况信息</td><td>3～5 天预报</td></tr>
<tr><td>历史上的今天</td><td>天气实况</td></tr>
<tr><td>旅游景点</td><td>今日热点及近期天气分析</td></tr>
<tr><td>国内主要城市预报</td><td>生活指数预报</td></tr>
<tr><td>一周天气预报</td><td>农业气象预报</td></tr>
<tr><td>其他县(市)预报</td><td>城市和旅游景点天气预报</td></tr>
<tr><td></td><td>未来 6～10 日天气预报</td></tr>
</table>

续表

城市	绍兴	舟山
信箱设置	短期天气预报	短期天气＋沿海风力预报
	3 小时预报	全市 48 小时预报
	天气实况	全市 3 小时天气预报
	3～7 天预报	全市各县天气实况
	省内城市天气预报	春运天气趋势
	国内城市天气预报	国内二类航线气象服务
	气象热点	渔场 3～5 天风力预报
	农事天气预报	城市和旅游景点天气预报
	其他县市天气预报	舟山主要航线风力预报
		台风等重要信息
城市	湖州	嘉兴
信箱设置	短期天气预报	短期预报
	今日气象热点	0～6 小时天气预报
	市县天气预报	一周天气滚动播报
	3 小时预报	海宁盐官潮汛时间
	未来 3 天预报	气象与生活
	周边城市预报	天气实况
	农业天气预报	生日知多少
	生活指数预报	节假天气
		上下班天气＋气象指数预报
		专家热线
城市	温州	
信箱设置	3 小时＋短期天气预报	
	5 天天气	
	天气实况	
	各县市天气	
	中长期天气	
	生活气象指数与森林火险	
	全国各大城市天气预报	
	温州话讲天气	
	电视主持人讲天气	
	气象与农事	

1. 海洋声讯服务

浙江省拥有全国最长的海岸线以及数量最多的岛屿，海洋渔场有 22.27 万平方千米，也是全国首位。浙江省拥有丰富的海洋资源，发展海洋经济有着独特优势。但机遇与风险并存，每年在海上会有各类自然灾害发生，给海洋经济的发展带来重大影响。因此，在浙江省舟山、宁波、台州等沿海地市几乎都有针对海洋的天气和风力预报，而其中舟山的海洋声讯服务最为突出。

舟山是我国两个以群岛建立的地级市之一，拥有渔业、港口、旅游三大优势，是中国最大的海水产品生产、加工、销售基地，全市港湾众多、航道纵横、水深浪平，是中国屈指可数的天然深水良港。港口、渔业等各行业的发展必然需要大量的海洋气象服务，特别是有针对性的、有海岛特色的气象服务。

舟山群岛四面环海，属北亚热带南缘季风海洋型气候，冬暖夏凉，温和湿润，光照充足，但由于受季风不稳定性的影响，夏秋之际易受热带风暴(台风)侵袭，冬季多大风，七八月间常出现干旱，这些都是舟山常见的灾害性天气。每当台风、大风等灾害发生时，对渔业、旅游和港口作业都有不利影响，因此政府决策部门和社会广大公众对海洋天气预报需求旺盛。

从表 3.1 中也可以看出，舟山的信箱设置与其他市县具有明显的不同，在信箱设置中可以明显看出公众对风力预报的需求比较大。因此在顶级信箱设置时将短临预报、短期预报各设信箱，同时还有将两者内容整合加上实况的顶级信箱。信箱以每小时一次的频率更新，内容贴近百姓的日常需求，信息包括了即时实况、1～3 小时短时预报和未来 3 天的天气展望及温馨提醒等内容。

同时专业化服务突出，推出航线气象服务、航线风力预报、渔场 3～5 天风力预报。

(1)国内二类航线气象服务信箱。此信箱预报范围广，预报了整个中国沿海地区 48 小时的风力、海浪和能见度，满足了北至渤海、南至两广沿海的货运、作业用户的需求。此信箱的设置不仅满足了舟山本地海上物流的需求，也满足了全省及省外货运、作业用户的需求，这是舟山气象声讯外地用户拨打率高于全省其他地市的重要原因之一。同时，此信箱常常根据需求，发布某些并不影响舟山本地的台风消息与警报。如 2013 年 11 月 2 日第 29 号强台风“罗莎”影响广东沿海，“96121”声讯电话 11 月 2 日 15 时发布了南海强台风消息、国内二类航线风力以及 4～5 天趋势预报。

(2)渔场风力预报信箱。为了满足在中国十大渔场捕鱼的渔民和渔业管理部门的需求，此信箱发布江苏南部到福建北部近外海各渔场 3～5 天风力、海浪预报，日常为每日更新两次，当遇到台风等重要灾害性天气时及时增发预报。例如：在 2013 年 10 月 3 日第 23 号台风“菲特”影响舟山渔场期间，舟山市海洋气象台 2013 年 10 月 3 日 21 时就增发了渔场台风警报、舟山沿海海面和未来 7 天江苏南部到福建北部近外海渔场风力、海浪预报。

此信箱信息传播方便及时，获得渔业管理部门和广大渔民欢迎，效益十分显著。例如：2007 年 12 月 30 日，受北方较强冷空气影响，舟山沿海出现了 10 级大风；12 月 28—31 日定海基准站降温达 7.2℃。在这次较强冷空气大风服务中，舟山及时通过“96121”主信箱和“渔场风力”的 6 号信箱，在 12 月 25 日就发布 12 月 29 日夜里到次年 1 月 1 日海面上有持续的西北偏北大风消息。在 12 月 26 日上午，“96121”信箱继续发布了“30—31 日舟山近外海渔场有 10～11 级的北到西北风”消息。各级政府和广大渔民通过“96121”声讯电话获取这次冷空气预报信息，及时组织全市近万条海上作业船只在29日18时前全部回港避风，没有发生一起海损事故。

另外，当遇突发性天气，发布订正预报时，此信箱也发挥了重要作用。例如：2006年6月1日，受突然强烈发展的东海低压影响，舟山市普遍出现暴雨或大暴雨天气。普陀、朱家尖、衢山站、岱山站等9个站过程降水量达到60毫米以上，其中降水量最大的普陀站，达到100.5毫米。6月1日早晨起，舟山沿海风力逐渐增大，1日夜里风力最强。对这次突然强烈发展的东海低压造成的大风，舟山市气象台根据最新资料及时对预报内容进行了订正，并在第一时间更新了“96121”信箱内容。信箱信息为：“受东海低压强烈发展影响，舟山近外海今天夜里到明天夜里有9～10级大风，风向偏东转偏北，请出海船只特别注意！”并于18时30分发布大风黄色预警信号：“受东海低压强烈发展影响，今天夜里到明天舟山沿海海面和近外海渔场有8～10级的东北大风。提醒市民、船舶等做好防范、避风工作。”快速准确的补充预报和反应及时的声讯服务，避免了人员伤亡事故的发生。

(3)主要航线风力预报信箱。此信箱每天三次发布鸭蛋山—白峰、三江—高亭、三江—嵊泗、沈家门—普陀山—朱家尖、沈家门—蚂蚁—桃花客运主要航线预报。舟山海域广阔、岛屿密布、航线众多，受山系遮蔽影响，同一大风过程，风力分布极不均匀，造成各海区、各航线的实际风力不尽相同。同一大风过程一般会有1～3级的风力差。舟山岛际航线是“见9即停”的。统一以舟山沿海海面风力预报为船舶通航签证唯一依据，不仅会给舟山人民生活、生产造成影响，也会大大制约舟山经济、社会的和谐发展。为了解决船舶通航安全管理与客运企业经济效益以及海上客运交通社会效益之间的日益突出的矛盾，2001年舟山市海洋气象台开展了“量体裁衣”式的舟山主要客运航线的分海区、分航线的风力专项预报服务，并作为海事部门的船舶通航气象条件签证依据，改变了以往舟山海事部门统一以向公众预报发布的舟山沿海海面风力预报作为唯一船舶开航的气象条件签证依据的历史，并及时通过“96121”的8号信箱向公众发布。在进一步保障船舶通航安全的前提下，大大减少了因公众预报范围较大而造成船舶不必要停航的现象。

例如强风发生时正值春运服务期间的信箱服务：2004年1月23日(农历正月初二)夜里到24日，受北方冷空气的影响，舟山市沿海出现了猛烈的西北大风，舟山沿海海面风力预报也为9～11级，若按以往，舟山所有岛际航线将全部停航。为了做好春运期间的海上航线客运气象预报服务，保证广大市民正月出行的方便，针对舟山海域各条航线的局地风、浪特征，在8号信箱发布了有针对性的主要航线风力专项预报。此次过程服务使当天三江—高亭、六横—郭巨航线的客轮通航至13时，朱家尖—普陀山、鸭蛋山—白峰的航线全天正常通航，有力地缓解了春运的交通压力，保证了繁忙的春运航运安全，最大限度地体现了经济和社会效益。

又如在台风影响时，小信箱发挥着大作用。2004年8月12日受14号台风“云娜”影响，舟山市气象台预报舟山沿海海面风力为10级。当天10时开始，根据遮蔽航线的特点，通过“96121”每隔2小时为海事部门、市海峡轮渡公司和公众提供鸭蛋山—白峰线的实况风力和专项风力预报，使得该航线直到12日傍晚17时才全线停航，从而最大限度地延长了该航线的通航时间，减轻了繁忙的交通压力。

据统计，开展上述航线风力针对性预报，并以此作为海事部门船舶开航签证的气象条件依据后，各航线核定最大可航风力等级为 7 级、8 级、9 级、10 级的船舶，近 10 年来平均每年增加通航天数分别达到 89 天、38 天、18 天和 10 天，经济和社会效益十分显著。这有效解决了船舶通航安全管理与客运企业经济效益以及海上客运交通社会效益之间的突出矛盾，使各航运企业经济效益、社会效益得到了最大化的体现，也为缓解舟山的交通起到了积极的作用。

通过以上独具海岛特色的服务内容，让以靠海为生的广大渔民及海上作业和通航的各类船只能在第一时间通过电话了解最新天气信息，合理安排出行工作。

2. 旅游声讯服务

享有“山水浙江，诗画江南”美誉的浙江省，拥有杭州西湖、新安江千岛湖、南浔古镇、横店影视基地、鲁迅故里等一系列全国著名旅游风景区。近年来，旅游经济在全省国民经济中所占的比重也越来越大。自然风光与人文景观交相辉映，使浙江成为名副其实的旅游胜地。众多旅游景点分布在浙江省各处，吸引着千万游客争相游览，为浙江省各地经济的发展做出重要贡献。

浙江一年中四月开始气候回暖，到五月上旬梅雨期前为止，春季的江南桃红柳绿，草长莺飞，一派迷人风光；九月酷热退去，十月秋高气爽，正值桂花盛开，且羊肉、大闸蟹、海鲜等季节美食纷纷上市，中秋后是观海宁潮的最佳时节，也是旅游的好时光。一年四季中的大部分时候都可以来浙江旅行，其中最适宜到浙江旅游的时间是 4—5 月和 9—10 月。但是出行最怕天公不作美，使靓丽的旅途留下一丝遗憾，而最适宜旅游的时间几乎都处于汛期和台风影响期。为了方便老百姓的出行，促进旅游业的发展，浙江省众多地市气象局均设置了旅游景点天气预报，为游客朋友的出行计划提供一份保障。

在众多的旅游资源中，浙江省的钱塘江大潮也是天下闻名的。千百年来，钱塘江以其奇特卓绝的江潮，不知倾倒了多少游人看客。每年的农历八月十八前后，是观潮的最佳时节，素有“八月十八潮，壮观天下无”的美誉。

雄伟壮观的钱塘江涌潮变化除了受天文、地理、河床高程、径流的大小、主槽(航道)的走向等因素制约，潮汐的大小与气象条件的关系也尤为密切。一般情况下，阴历每月的月初、月半均是看潮佳期，不必一定选在八月半。但秋潮要比春潮大，因为钱塘江流域的降雨主要集中在 3 月中下旬至 9 月中旬，10 月至次年 2 月降雨量相对较少。因此，杭州、嘉兴地区的气象声讯分别设置了杭州钱塘江潮汐预报、嘉兴海宁盐官潮汛时间特色信箱，以满足老百姓观潮的需求。

杭州钱塘江潮汐预报信箱主要涵盖的是杭州地区有名的观潮点，每个地点预报早晚两次涌潮时间，以及在这两个时间点的高潮位、涌高和观赏度，为游客朋友的出行提供参考。例如：

钱塘江潮汐预报：9 月 22 日农历八月十八，萧山观潮城早潮时间 02:00，高潮位 6.3 米，涌高 1.5 米，观赏度达五级；晚潮时间 14:10，高潮位 6.3 米，涌高 1.5 米，观赏度达五级……

再如，嘉兴海宁盐官潮汛时间特色信箱：

海宁盐官潮汛时间预报：12 月 11 日，晚潮潮汛时间 18:55。12 月 12 日，早潮潮汛时间 08:30，晚潮潮汛时间 20:15。海宁盐官观潮指数预报：12 月 11 日，农历十一月初九，晚潮，综合观潮指数较好，适宜观潮。12 月 12 日，农历十一月初十，早潮，综合观潮指数较好，适宜观潮；晚潮，综合观潮指数较好，适宜观潮。

由于潮水到达时间受多方因素影响，请提前 40 分钟候潮！

谢谢收听！

3. 农业声讯服务

浙江是中国经济比较发达的沿海对外开放省份，素有“鱼米之乡”之称，是综合性的农业高产区域，以多种经营和精耕细作见长，大米、茶叶、蚕丝、柑橘、竹品、水产品在全国占有重要地位。其中绿茶产量占全国第一，蚕茧产量占全国第二，绸缎的出口量占全国的 30%，柑橘产量名列全国第三，毛竹产量居全国第一。浙江省丰富的特色产业也应运而生。

然而，农业与天气息息相关，而浙江省又是气象灾害频发的地区，春季气象灾害有阴雨、倒春寒等，夏秋季有台风、暴雨、旱涝等，冬季又有寒潮、雨雪等，因此，农业生产也是时刻不能放松警惕。气象部门的职责即为“与天打交道”，因此与农业生产等也是紧密联系，浙江省多个地市气象局都设置了农事气象预报声讯服务。

慈溪气象局的“气象与农事”声讯信箱自 2008 年开设以来，受到农户的关注，其拨打量占总拨打量的 3%左右。信箱具体内容包括与当前天气相关的各类农事提醒和建议、预报服务等，一般在夏秋季每 4～7 天更新一次，而冬春季增加到 1～2 天更新一次，逐步实现“看天管理、贴心及时”。例如：

冷空气影响服务

未来有冷空气影响，降温明显。明天白天至夜间风力较大，番茄、茄子幼苗夜间需闭棚保温；草莓棚可提前做好覆盖裙膜的准备，压牢棚膜防风。夜温较低，茄果类、喜温花卉等夜间需闭棚保温，明天白天适时早开棚通风；夜间后期降温明显，注意加强夜间保温工作。

暴雨天气服务

今天和明天将有一次明显的降雨天气过程。农业部门建议柑橘、梨、桃等园区雨前清理三沟以利排水；棚架作物提前做好检修、加固工作；禽畜养殖区做好饲料储藏、防雨、防潮工作。雨后，被淹的作物地段应缓慢排水，并同时进行扶苗洗苗；被冲毁的田块及时补种。雨停气温回升，适温高湿天气易诱发油菜菌核病等病虫害，雨后应及时进行菌核病等病虫害的防治。

4. 其他特色声讯服务

除了以上海洋、旅游、农业特色声讯服务外，部分地市还开发出了一些别具特色的声讯服务，如丽水市气象局配合“秀山丽水，养生福地”的推广宣传，在“96121”开辟了养生指数信箱，信箱内容包括丽水的饮用水水质情况、景区及城区的负氧离子浓度报告及其他相关的气象生活指数预报。例如：

饮用水水源水质：全市县级以上集中式饮用水源水质均二级以上达标。

负氧离子浓度：全市景区均值为每立方厘米2658，等级为二级，空气清新程度为非常清新。全市景区最高值为每立方厘米4486，等级为一级，空气清新程度为特别清新。

另外，不少的县区级气象局内也设立了一些富有特色、富有创新的声讯信箱，关注到我们平时的思维死角，创造了良好的社会效益和经济效益。如义乌作为国际贸易综合改革试点，市场与全球200多个国家和地区建立直接经贸往来，市场外向度达60%以上，常驻外商 1.3 万余人(2010 年数据)。开设英文语音信箱能方便广大外商朋友快捷、准确地收听到日常关心的天气信息。从 2012 年 1 月—2013 年 6 月义乌气象声讯英文信箱拨打次数(图 3.3)可以看到,英文信箱的月拨打量平均可达 200～300 次,具有一定的市场需求。例如:

Good evening, now the weather forecast, it will be cloudy tonight, and cloudy and fine tomorrow, the low will be three, there will be frost partly tomorrow, and the high will be twelve tomorrow, thank you for listening.(晚上好,现在播报天气,今夜多云,明日多云到晴,最低气温 3℃,局部有霜,最高气温 12℃。谢谢收听。)

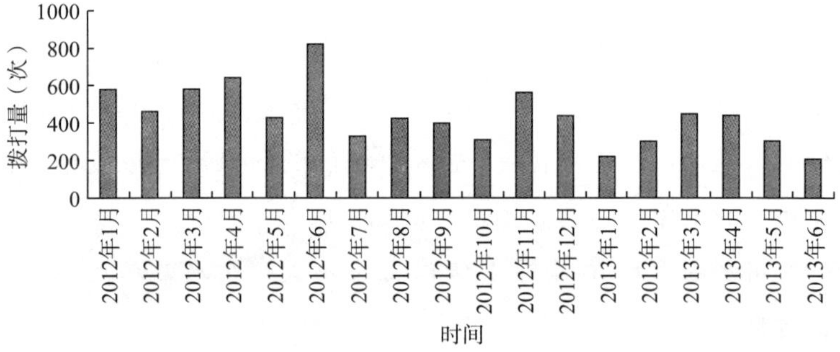

图 3.3　2012 年 1 月—2013 年 6 月义乌气象声讯英文信箱拨打量

第4章　人工答询热线

“400-6000-121”(免长话费)是我国统一号码的气象服务热线系统,作为中国气象局面向社会提供公益性气象服务的重要服务窗口,主要开展气象服务的问题解答、需求了解和投诉建议等客户服务工作。全国各地用户都可以通过固定电话、移动电话和小灵通拨打“400-6000-121”获知所需的气象信息,还可将对气象服务的意见、建议等信息反馈到气象服务热线,从而使气象服务热线更好地满足社会公众的气象服务需求。根据省级气象服务热线建设的整体部署和工作要求,在国家级与省级气象服务热线平台建设中,硬件系统遵照“统一设计、统一型号、自行采购”的原则,软件系统遵照“统一开发、全国部署、数据共享”的原则,这进一步推动了气象服务热线建设,落实工作责任,形成“一地呼入、全国咨询”的服务体系。依托“400”气象服务热线的客服团队建设及技术支撑系统,浙江省气象服务中心为了提升声讯的服务品质,在不增加任何人力、财力的情况下开通了“96121”人工座席服务,与“400”气象服务热线系统互为支撑。

4.1　品牌建设

浙江省“400-6000-121”气象服务热线以省气象局减灾处以及

观网处联合下文的“谁受理，谁告知”的原则为指导，统一出口给用户反馈结果，作为为民服务的窗口，从 2010 年 12 月开通试运行，至今已超过 3 个年头。自运行以来，气象服务热线用户遍及全国，涉及的问题包括预报、监测、服务（社会管理、业务咨询、气象科普、业务合作等）等各个方面，为各业务单位进行问题反馈，及时更正预报和监测产品中数据错误，维护了气象数据的权威性；受理合作信息，架起了公共气象服务合作的桥梁；受理用户建议投诉，及时化解矛盾，避免因公众对气象服务的不满而导致的事态升级。

浙江省气象服务中心的客服人员上岗前均经过系统化、专业化的气象业务知识培训及考核，具备良好的业务水平和服务技能，气象服务热线实行 7×24 小时不间断连续运行，人工工作时间为周一至周日北京时间 08:00—18:00，非人工工作时间为用户提供留言、传真等服务。气象声讯服务热线的客服团队经过培训，整体水平更加优质化，气象服务更加专业化，也将更好地满足广大公众对气象信息的需求，提升公共气象服务满意率，为打造浙江气象热线服务品牌奠定良好的基础。

客服热线是一个公司和单位对外服务的重要交流渠道。目前，不少企业主体服务意识不断提高，越来越多的服务行业开始建立自己的服务热线，将客户服务无缝地嵌入售前、售中、售后过程中。在中国，众所周知的大型服务热线有移动“10086”、电信“10000”、电力“95598”、建设银行“95533”、工商银行“95588”。近几年，政府性服务机关也建立了服务热线，如市长电话“12345”、社区服务中心“96345”等，这些服务热线提供的专业而又便捷的服务已经取得了较好的社会认同，一方面方便了用户，另一方面提升了政府形象。客户在挑选商品时也会考虑到与提供服务的主体沟通是否便捷,其实客服热线说到底就是企业和用户之间供需的一个沟通桥梁。气象部门在提倡大力提高公共气象服务能力、不断提升服务满意度的基础上,建立起权威的官方发布气象信息的渠道,有助于提高服务意识和提升自身形象。在现代业务体系改革的服务社会化过程中,气象部门应该占领这个先机。

通过对“96121”气象声讯自动答询和“400”人工服务的分析,我们发现两种服务方式各有优势,也各有市场,“400”气象服务热线开通以后,浙江省气象服务中心开始逐步考虑将这两种服务资源进行互补,并于2011年陆续与中国移动、联通、电信三大运营商联合开通了“96121”人工座席信箱,实现了用户与气象客服之间关于气象预报与气象知识等的人工答询,满足了部分用户与人工沟通的习惯,也接受了一些建议和投诉,为更好建设公共气象服务提供了一个新的平台。浙江省气象服务中心还探索了“96121”人工答询支撑系统与“400”气象服务热线支撑系统的资源共享,便于客服人员更方便、快捷地为用户提供相关的公共气象服务产品,起到了更好的宣传推广的社会效应,打造了新的服务品牌。

4.2　拨打分析

图4.1为2011年1月—2013年4月浙江省“400”气象声讯服务热线的月拨打量数据,通过分析可以看出,短期天气仍是公众最想了解的气象信息,拨打量比较高,而且比较稳定,其次是历史资料查询,然后是中期天气,海洋天气、气象知识查询较少。另外,值得注意的是,台风咨询在6—9月台风影响季拨打量显著升高,公众对灾害性天气特别关注。每年台风影响期间,浙江省气象服务

中心会专门设置“台风动态”“96121”声讯拨打信箱，与公众的需求相呼应。

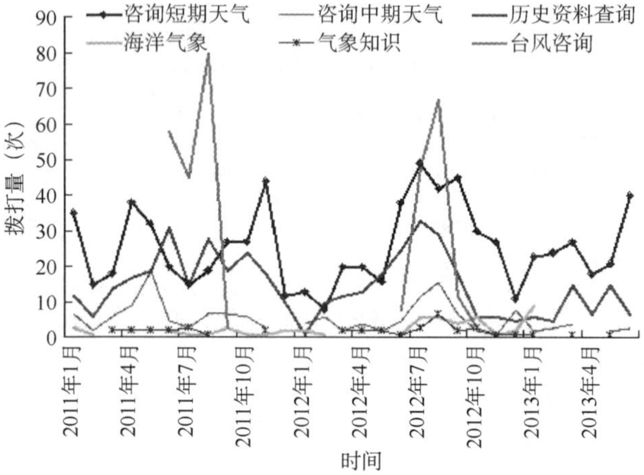

图 4.1　2011 年 1 月—2013 年 4 月浙江省“400”气象声讯服务热线月拨打量

从拨打量数据变化上可以看到，短期天气仍然是公众拨打咨询最多的信息，这与声讯“96121”的数据分析结果是一致的，那么做好短期天气预报的各渠道的发布工作仍是关键之一。另外，可以看到历史资料信息也是公众咨询比较多的，这给了浙江省声讯服务工作新的讯息，从一定程度上反映了公众对气象的变化，尤其是近年来气候的变化有了新的认识，公众也希望了解天气在更长时间尺度上的变化。从这一角度出发，气象服务内容也可以向气候变化方面发展，对气候历史资料的咨询可以让公众对当下的天气、所处的环境有更直观的认识，也给开发迎合公众需求的新的服务产品指明了方向。

对于历史天气资料进入气象声讯，我国已经有部分省份在探索和尝试，如江西景德镇气象台将迄今为止的历史天气资料的日气象要素进行平均，从而建立历史资料库，选择最为公众熟悉的几个要素编入气象声讯，包括年平均气温值、年最高气温出现在哪一天、日最大降水量出现在哪一年等。

结合对浙江省“400”气象服务热线拨打数据的分析，可以借鉴参考在气象声讯中加入历史天气资料查询的信箱，如历史降雨、历史高温等，也可以合理开发有本省特色的历史天气资料查询内容，如历史台风、历史梅雨等。

只有不断地以公众的需求为牵引，我们的服务产品才可能更“接地气”、更完善，因此我们要不断结合市场需求和气象事业的快速发展，不断开发完善气象声讯信箱的设置和内容创新，进一步增强服务内容的科技含量，开发出与工作、生活息息相关的新项目来满足人们的需求，树立“以人为本，无微不至，无所不在”的服务理念，提高服务质量，在收到经济效益的同时获得良好的社会效益。

4.3 业务流程

按照用户咨询问题的不同，“400”气象服务热线工单可以分为三大类：咨询类、建议类、投诉类。其中，咨询类工单又可以细分为业务咨询、业务合作、气象知识、历史资料查询、长期趋势预报、台风咨询、海洋气象咨询、交通预报以及其他方面咨询；建议类工单又可以细分为气象观测类、预报建议、社会管理建议、气象服务建议等；投诉类工单也可以细分为气象服务投诉、预报预测投诉、气象观测投诉以及社会管理投诉等。

4.3.1 咨询类工单

(1)业务咨询:有关业务、服务、产品等方面的咨询

工单内容:如实记录用户的需求,包括用户姓氏、致电时间、咨询省(市、县)、具体时间、天气要素等。

处理方式:利用当地气象部门网站或支撑系统引导用户拨打"96121"声讯电话为用户提供服务。

具体事例:11月5日,陈先生来电咨询湖州明后天的天气。

处理过程:客服代表详细记录用户需求,并引导用户拨打当地"96121"收听或登陆浙江天气网(http://zj.weather.com.cn)查询。

(2)业务合作:与气象相关的合作咨询,包括科技服务

工单内容:如实记录用户的需求,包括用户姓氏、致电时间、来电用户所在省(市、县)、咨询合作的项目等。

处理方式:根据用户需合作项目的类型,联系相关业务部门,将用户需求单转交给相应部门的负责人,负责人须在两个工作日内回复热线客服,如果没有反馈,客服代表须在两个工作日后对业务合作部门负责人进行回访。

具体事例:2013年4月24日,杭州地铁公司致电,咨询杭州地铁公司与气象业务合作事宜以及相关负责部门和联系方式。

处理过程:客服人员详细记录用户需求,告知用户专业服务科咨询电话,追踪后续,杭州地铁公司与气象部门双方已经联系沟通,已促成地铁公司于4月27日到浙江省气象服务中心参观、商谈合作意向。

(3)气象知识:用户咨询气象相关知识

工单内容:如实记录用户的需求,包括用户姓氏、致电时间、来电用户所在省(市、县)、所咨询的气象知识等。

处理方式:利用当地气象部门网站或支撑系统为用户提供服务,能及时解答的及时解答,若无法查询或不能及时解答的气象知识要咨询气象专家后再反馈给用户。

具体事例:8月11日,洪先生来电咨询高温预警的相关知识。

处理过程:客服代表详细记录用户需求,向用户介绍高温预警的等级划分、特点、防御指南等相关内容。

(4)历史资料查询:用户查询历史资料

工单内容:如实记录用户的需求,包括用户姓氏、致电时间、来电用户所在省(市、县)、咨询省份、具体时间、天气要素、主要用途等。

处理方式:利用当地气象部门网站或支撑系统为用户提供服务;若为现有资源无法提供的历史数据查询,如实记录用户的需求,由客服代表联系相关部门查询后给用户反馈;若用户有全国或多省数据需求时,可以转交给国家级热线平台受理。

具体事例:2013年8月9日,杭州某先生致电,咨询杭州7—8月的高温天数,用途为公司高温费计算参考。

处理方式:客服代表详细记录用户需求,通过"400"业务支撑系统查询高温天数并告知用户。

(5)长期趋势预报:长期趋势预报咨询

工单内容:如实记录用户的需求,包括用户姓氏、致电时间、来电用户所在省(市、县)、咨询省份、具体时间、天气要素等。

处理方式:客服代表详细记录用户需求,利用当地气象部门网站或支撑系统为用户提供服务;若用户有全国或多省数据需求时,可以转交给国家级热线平台受理。

具体事例:2013年10月31日,温州某客户致电,咨询当年冬天天气趋势。

处理方式:客服代表详细记录用户需求,由客服代表联系相关部门查询后给用户反馈。

(6)台风咨询:与台风相关的咨询,如风力、台风路径和影响等

工单内容:如实记录用户的需求,包括用户姓氏、致电时间、来电时间,来电用户所在省(市、县)、咨询具体内容等。

处理方式:客服代表详细记录用户需求,简单告知用户,建议登陆浙江天气网查询台风专题或拨打"96121"收听台风信箱了解详细情况。

具体事例:2013年10月6日14时,宁波某先生致电,咨询台风"菲特"的最新动态。

处理过程:客服代表详细记录用户需求,简单告知用户台风"菲特"的最新动态,引导用户拨打"96121"收听台风信箱了解详细情况或登录浙江天气网台风专题查询信息。

(7)海洋气象:海洋气象预报咨询

工单内容:如实记录用户的需求,包括用户姓氏、致电时间、来电用户所在省(市、县)、咨询哪个海域、具体哪个时间段的预报、主要用途等。

处理方式:客服人员详细记录用户需求,利用本省海洋预报产品为用户提供服务,如有相关数据可直接提供给用户,如无直接的相关数据则由客服代表联系相关部门查询后给用户反馈;若当地气象部门无法提供,建议用户咨询海洋局。

具体事例:2013 年 7 月 4 日 12 时 48 分,宁波某先生致电,咨询象山的沿海风力。

处理过程:客服代表详细记录用户需求,由客服代表联系海洋气象台查询后给用户反馈。

(8)交通预报:交通气象预报咨询

工单内容:如实记录用户的需求,包括用户姓氏、致电时间、来电用户所在省(市、县)、咨询高速路名称/交通路段、主要用途等。

处理方式:客服代表详细记录用户需求,用“96121”高速公路预报、浙江天气网交通气象等本省交通天气预报产品进行答复,如有相关数据可直接提供给用户;当地气象部门无法提供的,建议用户咨询相关交通部门。

具体事例:10 月 7 日 09 时 52 分,杭州某女士致电,咨询上海到杭州高速路况,用户主要用途为出行参考。

处理过程:客服代表详细记录用户需求,并告知用户可拨打“96121”收听高速公路信箱或查询浙江天气网交通气象栏查看高速路况。

(9)其他:涉及其他方面的咨询

工单内容:如实记录用户的需求,包括用户姓氏、致电时间、来电用户所在省(市、县)、咨询内容等。

处理方式:告知用户该问题不属于“400-6000-121”气象服务热线咨询范围,建议用户咨询相关部门。

具体事例:2013 年 10 月 6 日,宁波某女士致电,咨询杭州湾大桥是否通车。

处理过程:客服代表告知用户该问题不属于“400-6000-121”气象服务热线咨询范围,建议用户咨询交通部门。

4.3.2 建议类工单

(1)气象观测:实况、雷达、卫星等观测产品的建议

工单内容:如实记录用户的建议,包括用户姓氏、致电时间、来电用户所在省(市、县)、建议内容等。

处理方式:记录并汇报或流转到中国气象局气象热线平台。

具体事例:10月4日10时54分,杭州某先生致电,反映浙江天气网台风专题台风路径图信息更新滞后,建议浙江天气网及时更新。

处理过程:客服代表详细记录用户反映问题并反馈至网络服务部,网络服务部表示浙江天气网台风专题台风路径图信息取自中国天气网,我方马上联系中国气象局处理,中国气象局根据用户建议迅速完成更新。

(2)天气预报方面的建议

工单内容:如实记录用户的建议,包括用户姓氏、致电时间、来电用户所在省(市、县)、建议内容等。

处理方式:记录并汇报或流转到中国气象局气象热线平台。

具体事例:8月6日,用户来电反映对8月6日中国天气网宁波象山最高温度有疑义,建议核实。

处理过程:气象服务中心接到反映后立即进行了调查,发现8月6日宁波当地气象网站预报气温是28～39℃。联系中国气象局处理,查明情况后及时与用户联系解释,已根据用户建议更改。

(3)气象服务:服务方面的建议

工单内容:如实记录用户的建议,包括用户姓氏、致电时间、来电用户所在省(市、县)、建议内容等。

处理方式:记录并汇报或流转到中国气象局气象热线平台。

具体事例：2011 年 5 月 9 日，金华某先生致电，咨询浙江天气网气压值位置，建议恢复天气网上原来的气压曲线表。

处理过程：客服代表详细记录用户需求并汇报，告知用户浙江天气网最新气压位置。

(4)社会管理：气象系统外部发生的且与气象相关的用户建议

工单内容：如实记录用户的建议，包括用户姓氏、致电时间、来电用户所在省(市、县)、建议内容等。

处理方式：记录并汇报或流转到中国气象局气象热线平台。

具体事例：2013 年 8 月 24 日，台州某先生致电，用户来杭州观看钱塘江大潮，希望知道具体的潮汐时间。

处理方式：气象客服人员通过杭州市气象台的网站上查询到潮汐时间，告知用户。该用户表示，希望“96121”气象声讯能提供潮汐预报服务。对于用户提出的这条建议，根据实际情况，“96121”气象声讯增加了潮汐预报信箱。

(5)其他：其他方面的建议

工单内容：如实记录用户的建议，包括用户姓氏、致电时间、来电用户所在省(市、县)、建议内容等。

处理方式：记录并汇报或流转到中国气象局气象热线平台。

具体事例：2013 年 10 月 12 日，台州行政中心某先生致电，称处理一位用户的气象证明申请单时发现超出气象证明范畴，申请单用户需要的是一星期的气象资料，用途为调研参考，无法处理该申请。用户咨询气象证明范围以及相关部门联系方式。

处理过程：客服代表详细记录用户需求，告知用户气象证明的用途并咨询所需资料的时间，直接通过“400”支撑平台查询后予以反馈。

4.3.3 投诉类工单

(1)气象服务:服务方面的投诉

工单内容:如实记录用户的投诉,包括用户姓氏、致电时间、来电用户所在省(市、县)、投诉内容等。

处理方式:记录并汇报或流转到中国气象局气象热线平台。

具体事例:2011 年 3 月 17 日,杭州某先生致电投诉,用户需要 3 月 1 日—3 月 15 日的历史资料,但被收取费用。

处理过程:客服代表详细记录用户投诉并汇报,联系相关部门了解情况,专业服务科反馈用户所需资料是用于商业用途,所以根据相关规定需要收取费用。

(2)预报预测:天气预报方面的投诉

工单内容:如实记录用户的投诉,包括用户姓氏、致电时间、来电用户所在省(市、县)、投诉内容等。

处理方式:记录并汇报或流转到中国气象局气象热线平台。

具体事例:2013 年 8 月 8 日,杭州某先生致电,质疑浙江省气象台发布的预警信号为何一直都是橙色而不是红色预警。

处理过程:客服代表详细记录用户投诉并汇报,告知用户气象台发布预警信号等级标准。

(3)气象观测:实况、雷达、卫星等观测产品投诉

工单内容:如实记录用户的投诉,包括用户姓氏、致电时间、来电用户所在省(市、县)、投诉内容等。

处理方式:记录并汇报或流转到中国气象局气象热线平台。

具体事例:2013 年 10 月 5 日,台州某先生致电,反映中国天气网第 23 号台风“菲特”更新滞后,最新数据时间是 2013 年 10 月

2 日 08 时，建议核实更正。

处理过程：客服代表详细记录用户反映问题，并反馈至中国天气网运行保障部门，中国天气网很快予以更新。

(4)社会管理：气象系统外部发生的且与气象相关的用户投诉

工单内容：如实记录用户的投诉，包括用户姓氏、致电时间、来电用户所在省(市、县)、投诉内容等。

处理方式：记录并汇报或流转到国家局气象热线平台。

4.4　考核和管理

由于“400”气象服务热线是人工服务，不同于以前的气象声讯自动答询系统，涉及的因素更加复杂多变，既有对服务人员自身素养的要求，也有应对各方面的来电以及需求的能力的要求，还需要具备处理各项非常规事件的快速反应能力，因此要做好“400”气象热线服务，不得不更综合地考虑各方面的影响。

为全面、客观评价全国气象服务热线的业务工作，确保全国气象服务热线的可持续发展，提高服务水平，中国气象局制定了《全国气象服务热线运行管理暂行办法》和《全国气象服务热线业务考核管理暂行办法》。考核内容包括业务运行情况、服务质量、业务单据填写、办理实效以及队伍建设和合作推广五部分，其中，服务质量评价包括服务用语规范和用户投诉这两个二级指标，业务单据指气象服务热线工单和任务处理单两种。业务单据填写评价指标包括工单填写率、工单填写质量、任务处理单填写质量三个二级指标，办理实效评价指标包括服务效果、分析总结两个二级指标，队伍建设包括人员配备、培训组织两个二级指标。

依据《全国气象服务热线业务考核管理暂行办法》的规定，“400”气象热线服务工作可以从以下几方面进行完善：

(1)服务用语规范。严格按照《气象服务热线服务用语规范》与用户沟通，遵守问候语与结束语，当发生无法听清和系统故障、抱怨与投诉、特殊情况时，要做到礼貌待人、合理回复。

(2)服务队伍建设。建立起24小时值守班制度，定期进行气象知识、气象法规、气象产品等方面的培训和通报，每年度至少组织召开1次气象服务热线业务相关培训，不断提升服务人员对各类咨询的反应灵敏度；逐步建立起相应问答资料库，对遇到的各类问题进行分析、归纳、总结，按照一定的规律进行查询。

(3)服务反馈机制建设。认真受理用户来电，做到“事事有回音，件件有落实”，对于非能力和范围内的来电，做到婉转答复，建议到相关部门进行咨询，如果无故而有未落实的来电，需要有相应的处理措施。根据“谁受理、谁告知”的原则对用户进行答复。

(4)服务记录规范。认真及时填写报单，确保真实、详尽、可靠地填写。

(5)对咨询反馈的规范。对用户咨询的问题能立即处理的应及时回复，无法马上回复的要做好相应的记录，由浙江省气象服务热线向相关部门咨询，限最长3个工作日内进行回复，并在得到答案后回拨用户。

(6)对投诉处理的规范和机制。对投诉的处理，做到客观、公正。根据用户投诉内容、时间查找电话录音，经确认确实存在问题的，根据《全国气象服务热线运行管理暂行办法》要求及时处理。

以《全国气象服务热线运行管理暂行办法》为依据，以更好地服务公众、提高公众满意度、提高工作效率为目标，气象服务中心在具体的实践过程中，逐步形成了一套比较规范的工作流程(具体见附录B)，在业务流程、反馈机制等方面对工作进行了细致的规定，初步地规范了浙江“400”气象热线服务工作。

4.5 业务支撑系统

“400”气象服务热线用户的咨询问题包括预报、监测、服务、合作等许多方面，涉及农业、交通、水利等各个行业，随着“400”气象服务热线品牌知名度的逐渐提升，用户拨打也越来越趋于频繁，用户的需求与热线服务能力之间的差距逐步显现。

针对“400”气象服务热线客服人员需要跨多个界面、平台操作不同业务软件来查询的不足以及目前“400”气象服务热线所需资料繁杂而凌乱的现状，对“400”气象服务热线所需资料进行全面汇总，建立“400”气象服务热线常用资料数据库，开发出一套“400”气象服务热线的业务支撑系统，工作界面如图4.2所示。

业务支撑系统使用Microsoft Visual Studio 2010平台结合C#语言进行研发，将常用的一些业务资料进行了整合，具备常用统计、气象知识查询、业务查询、导航等四大基本功能。常用统计栏目下根据对用户咨询问题的分析和总结，提供最常见的查询统计：高温天数查询(图4.3)、降水日数查询、降雨量查询、气压值查询、风速查询等；气象知识栏目下分降水等级表、风力等级表、台风名称表、浙江省台风警戒区、气象符号表、气压风速表、风浪等级表、气象广播地域名称等，方便客服人员及时查阅相关数据，从而减少用户致电等待时间；业务咨询栏目下设气象证明相关资料查询、三家运营商的短信、彩信等定制信息查询、各业务单位电话查询；导航栏目下主要是将内网的一些网站资料进行整合(图 4.4),包括台风路径查询、临近降水、预警信号、卫星云图、雷达拼图、台风报告单、省气象台中短期预报、各声讯信箱内容查询(图 4.5)等。与此同时,据客服人员需求开发了交班功能和备忘功能,结合微软 Speech SDK 控件,可以及时语音提醒客服人员备忘录信息和需要交班的内容。

图 4.2 "400"气象服务热线业务支撑系统运行界面

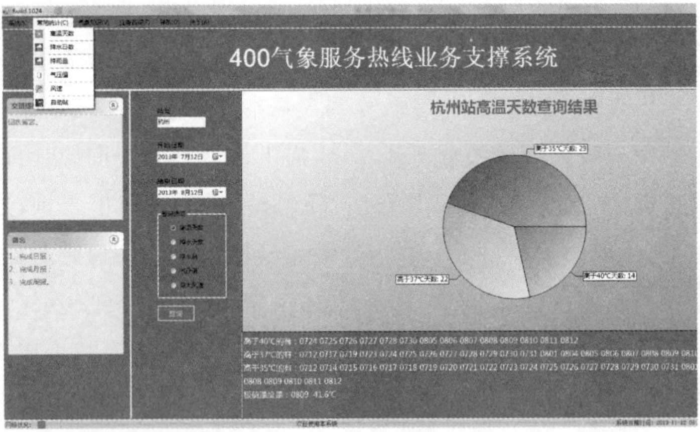

图 4.3 高温天数查询

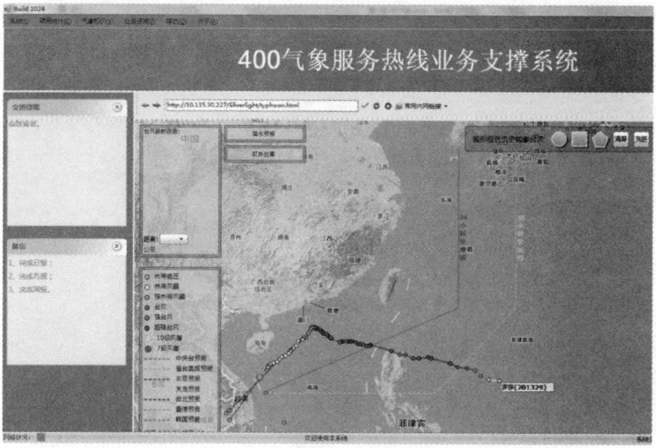

图 4.4 常见的一些内网资料整合

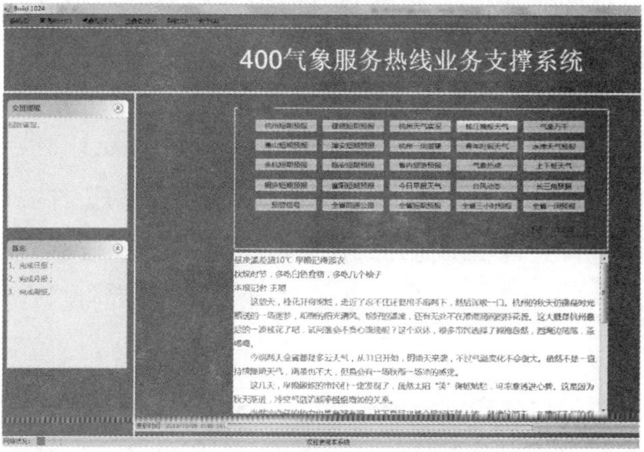

图 4.5 各声讯信箱内容查询

该业务支撑系统的开发使“400”气象服务热线客服人员可以在一个系统内查询用户所需的绝大部分资料，改变了以往需要打开多个业务软件、到处寻找资料的状况，极大减少了用户的致电等待时间，同时也减少了用户因等待时间过长产生不满而引起的投诉。

第5章　特色技术

5.1　县级属地化收听技术

2013年以来，为了不断满足用户的需求和拨打体验，经过对用户拨打情况进行分析，发现收听当地短期天气预报的占比超过50％，经与三家运营商协商后开通了拨打“县级属地化收听”功能，即用户无需收听信箱提示音后再按键选择收听城市预报，系统会自动根据用户所处的位置来判断所处城市，在开始计费后自动播放当地天气预报内容，极大地方便和满足了用户的拨打需求，使用户拨打体验得到进一步提升。在进行“县级属地化收听”技术改造过程中，需要对信箱进行规划设置，现将其中涉及的规划设置流程简要介绍如下。

用户拨通后首先听到的是免费预警内容和收费提示音内容，系统平台再根据用户主叫(固话、手机、长途、非长途)、被叫的号码(“96121”“12121”)进行相应的信箱规划，对符合条件的规划到相应的信箱，不符合条件的指向顶级信箱的信箱提示音由用户自行选择。

以浙江省气象服务中心电信平台为例，简单介绍一下用户拨打后的规划流程。省本级电信用户共分为三类：全省固话“12121”

用户、杭州电信手机“12121”用户、杭州电信手机“96121”用户。当用户拨打进来后，系统首先判断主叫、被叫号码，共分三种规划方式。

1. 全省固话“12121”

若用户是全省的固定电话用户，其拨打“12121”后，则规划到00信箱(图5.1)，考虑到本地用户、异地用户以及国际长途用户，按照主叫号码、被叫号码联合规划了17个号码段，如本地的2-9开头号段、国际的00号段、异地02-09号码段，具体见图5.2。规划异地号码段目的是为了更好地为全国甚至国际用户提供更优质的公共气象服务。

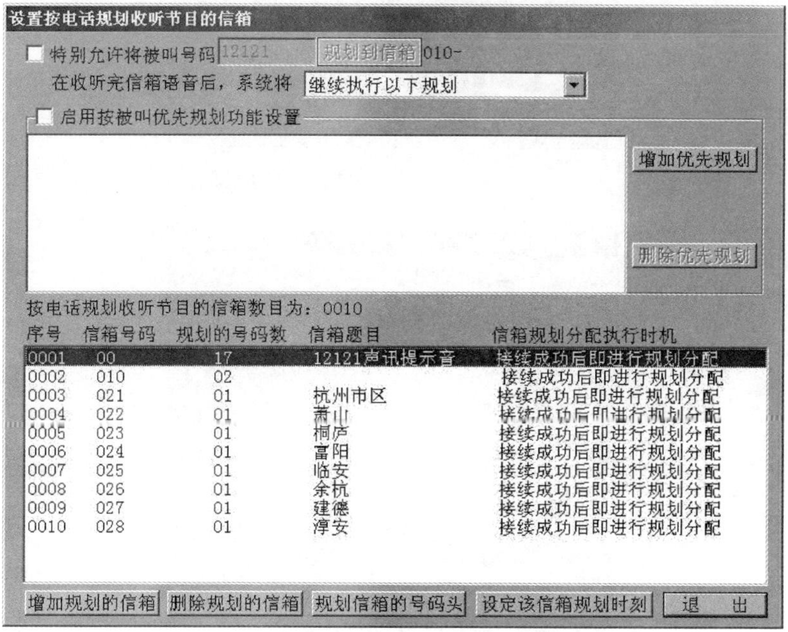

图5.1　设置按电话规划收听节目的信箱

2. 杭州 C 网“12121”

若用户为杭州 C 网用户，拨打了“12121”后，系统会将其规划到图 5.1 所示的 010 信箱，按照主叫号码、被叫号码联合规划了两个号码段：1 本地及 01 异地(图 5.3)。

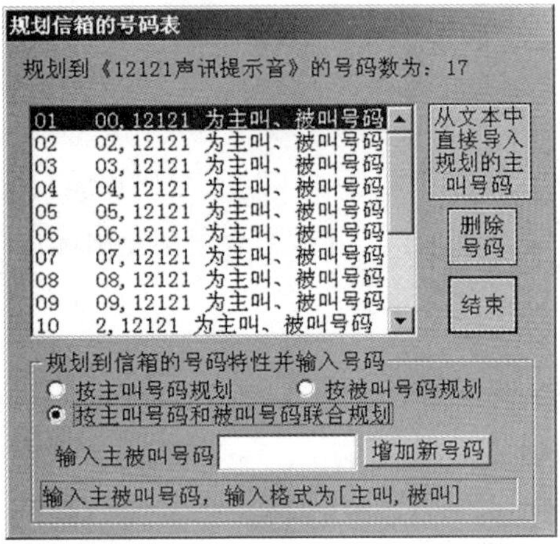

图 5.2　浙江省“12121”规划信箱的号码表

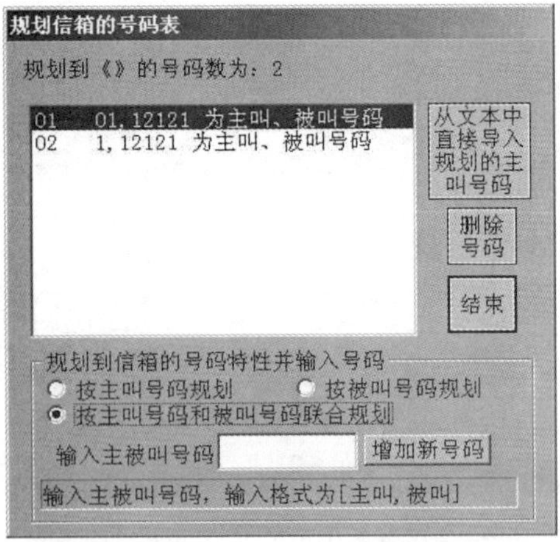

图 5.3　杭州电信 C 网“12121”规划信箱的号码表

3. 杭州手机 C 网“96121”用户(县级属地化拨打)

此类用户没有进行相应规划，当用户进入声讯系统后，自动进入手机“县级属地化收听”规划。详细介绍如下：

(1)县级属地化拨打申请

各地气象部门首先要向当地的运营商提出“县级属地化”拨打申请，运营商根据浙江省通信管理局相关文件规定的各县、市后缀编码表，对对应的基站用户添加相应数字后缀，并在用户拨入“96121”后，根据手机所处基站位置，添加相应的后缀编码并传入浙江省气象服务中心电信声讯平台。用户拨入“96121”后，浙江省气象服务中心电信声讯平台将不是以“96121”号码进入系统，而是以“961211”“961212”“961213”直至“961218”接入电信平台。以杭州为例，各县、市编码表及传入号码如表 5.1 所示。

表 5.1　杭州各县、市编码表

市(县)名称	杭州	萧山	桐庐	富阳	临安	余杭	建德	淳安
后缀编码	1	2	3	4	5	6	7	8
传入号码	961211	961212	961213	961214	961215	961216	961217	961218

(2)平台规划

由于运营商的后缀编码设置，进入气象声讯平台的被叫号码由“96121”变为“961211”至“961218”，这就需要我们对应进行规划(图 5.1)。先创建 10 个虚信箱(7 县、市及市区信箱、免费预警信箱、收费提示音信箱)，接下来对 8 个属地虚信箱(7 县、市及市区)做 3 个关联信箱，依次为免费预警信箱、收费提示音信箱和属地短期天气信箱(图 5.4)。

规划 8 个属地信箱，如图 5.5 所示，按被叫号码进行规划：

"961211"为杭州,"961212"为萧山,"961213"为桐庐,"961214"为富阳,"961215"为临安,"961216"为余杭,"961217"为建德,"961218"为淳安。需要注意的是,运营商有可能没有判断出基站位置从而导致传来号码没有加后缀数字的情况,为了避免用户在收听时没有收费提示音,必须对顶级信箱进行关联处理。由于顶级信箱只有信箱提示音,若不进行关联处理,用户就只能听到信箱提示音而没有收费提示音,如图 5.6 所示设置之目的就是为了解决以上问题。顶级信箱的关联信箱只是为没有属地的用户提供免

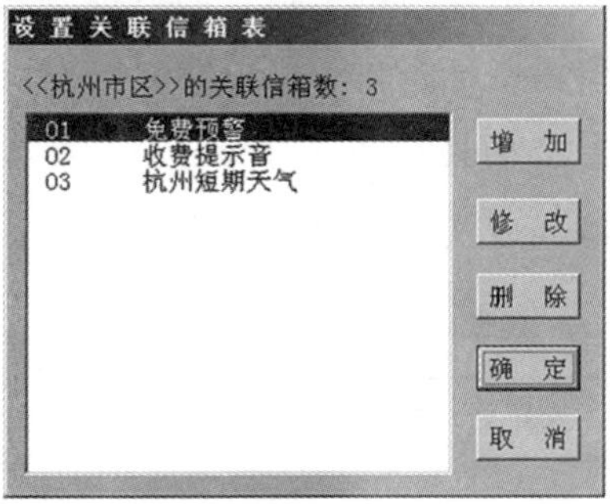

图 5.4　关联属地信箱表

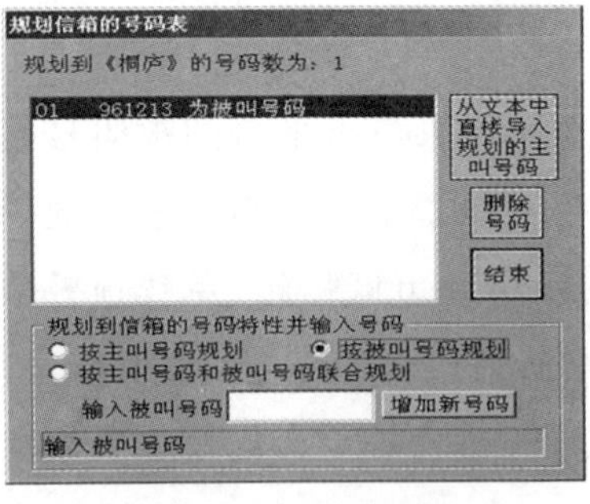

图 5.5　规划属地信箱

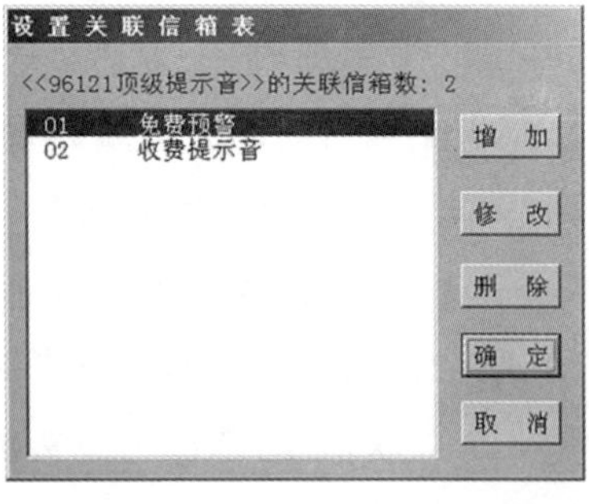

图 5.6　顶级信箱关联设置

费预警和收费提示音，等同信箱规划过来的则与关联信箱无关，故用户不会重复收听到免费预警与收费提示音。

将8个属地信箱等同于顶级信箱。这样做完以后，用户拨通电话后，首先听到的是免费预警、收费提示音以及基站所在地的县(区)天气，之后将收听到顶级信箱的信箱提示音(与顶级信箱的关联信箱无关)。

5.2　语音文件的转换

浙江省气象服务中心“96121”的声讯内容更新时间见表5.2。

表5.2　浙江省气象服务中心“96121”的声讯内容更新时间

信箱名字	主要内容	更新时间
杭州短期天气	今、明、后三天天气，最高、最低气温，风向、风力预报，相对湿度	06时、12时、18时
杭州各县区短期天气	今、明、后三天天气，最高、最低气温，风向、风力预报，森林火险等级	06时、12时、18时
杭州一周天气展望	未来一周杭州地区逐日的天气、最高气温、最低气温、相对湿度	10时
全省天气	未来三天全省天气	05时、11时、16时、22时
三小时天气	未来0～3、3～6小时的天气，最高、最低气温，风向、风力预报	05时、08时、11时、14时、17时、20时
天气实况	每小时的杭州地区(含各县区)最高气温、最低气温、相对湿度、风力	1小时
气象热点	昨日天气回顾和未来全省天气趋势及热点	10时
高速公路	今、明两天全省高速公路能见度、天气	10时、16时
气象预警	发布最新的预警消息	根据实况需要

在统一内容规范后，每日定时有专门的天气预报编写人员参与各信箱内容的编写工作。随后，制作好的天气预报内容都会以文本形式发送至节目制作平台。

语音的合成有两种方式：

一是平台自带语音库合成系统，缺点是系统自带的语音词库词汇量不够，遇到无法转换的词句则会造成无法继续转换下去，预报内容缺失，经常需要对文本进行重新修饰，这往往会影响预报描述的准确性和时效性。

二是鉴于天气预报的准确性和时效性，可以利用第三方合成软件，如双顺达公司的“TTS语音合成系统”(图 5.7)，优点是可以按照“字”来进行语音的合成，文本实时转换更流畅、清晰，同时准确性大大提高，利用计算机定时扫描文件自动合成对应语音，自动将文本内容制作成语音文件放入指定目录下，最后利用声讯系统的“用户功能扩展接口”将已生成好的语音文件指定到对应的语音信箱。

图 5.7　TTS语音合成软件示意图

5.3　系统冗余策略

随着公共气象服务事业的发展，技术保障在业务运行中的作用显得越来越突出，提高对灾害性天气的应急响应能力是气象服务工作的重中之重，浙江声讯系统为了做好应急技术设备的应急响应工作，在设备、线路以及其他一些技术领域做了一些探索，尤其是在城级应急备份方面颇有特色，为全面提升浙江气象技术保障和处置突发事件的能力打下良好基础。

声讯系统的冗余策略包括数据备份、硬件备份、线路备份、城级备份等。每日三个平台有数千到上万次的拨打量，若系统出现问题导致用户无法呼入，则不仅会影响气象部门的整体形象，也会对“96121”和“12121”的声讯品牌造成巨大的损害，而及时地备份则可以将损失降低到最小。

5.3.1　数据备份

声讯系统的工作站服务器中存储了用户拨打的数据，这些数据对分析用户的拨打习惯、信箱拨打率以及对决策服务都具有重大的使用价值，因此我们将这些拨打数据通过网络实时写入远程 SQL 服务器，如果网络断开，声讯工作站就将计费数据暂存本地硬盘，等网络恢复正常后，计费数据将从断点处进行备份。此外，为了防止 SQL 服务器出现问题，浙江省气象服务中心设置了一台服务器专门定期对 SQL 的数据表进行备份，防止数据丢失。

5.3.2 硬件备份

为了防止工作站服务器出现问题，移动、电信、联通三个平台都做了硬件上的备份，这里主要指服务器的备份：移动、联通均为一个工作站，为此，每个平台都有一个与工作站设置一模一样的备机，当出现硬件设备问题时，方便及时恢复；电信方面则实现了热备份，每台机器都有自己的一套信令系统，均可单独与电信交换机房直接通信，其中有两台工作站负责杭州地区声讯，四台工作站负责全省的声讯，当用户收听声讯语音内容时，会随机进入这几台声讯工作站的任意一台，若其中某台声讯工作站出现故障，电信运营商可以根据设置将所有用户转接到其他正常的工作站上，从而保证了声讯工作站的无间断应答，系统的容错性大大增加。

5.3.3 线路备份

由于移动声讯平台用户拨打量较大，浙江省气象服务中心对移动声讯通信进行了线路的备份，目前已经实现了 2 M 数据线冷备份和光缆的双线路热备份，若只是其中一对数据线出错，可以及时进行数据线更换，当因市政施工等重大工程对光纤线路产生影响而出错时，系统会自动更新到新的光纤线路上，及时避免线路故障对声讯拨打造成的影响。联通的线路模式与移动相同，而电信由于六台主机可以实现各自通信，服务器线路交错走向不同的电信中继站，当某个中继站线路出现问题时，并不会影响另一个中继站线路的正常工作，实现了线路及硬件的双备份。

5.3.4 城级备份

浙江省气象服务中心与杭州市气象服务中心均与三家电信运营商合作并向大众提供声讯服务，根据浙江省气象局的业务管理规范，浙江省气象服务中心主要负责面向杭州市手机“96121”“12121”业务及全省固话“12121”业务，杭州市气象服中心主要负责杭州市固话“96121”业务，与三家电信运营商均有独立的声讯平台。浙江省气象服务中心与移动、联通两家运营商协商，实现了整个声讯系统的城级备份。城级备份就是当省本级声讯平台出现故障时，移动、联通机房会根据故障自动跳转至杭州市气象服务中心相应的声讯系统平台，实现了无缝隙切换。为了实现城级备份，需要两级信箱结构、信源设置基本一致，也保留自己的独立性，因此经与杭州市气象局协商，对用户关注度较高的信箱保持两级基本一致，杭州市区及各县区短期天气预报、天气实况等信源也由杭州市一级来提供，防止因跳转过后信源不同提供信息差异较大而造成用户投诉。

从表5.3可以看到，省本级声讯信箱和杭州市级声讯信箱的内容基本一致，除了全省天气、三小时天气、上下班天气等两级信箱由于地域针对性或特色信箱设置不同以外，其他的都基本趋于一致。从拨打数据来看，信箱的拨打主要集中在杭州短期天气、各县区短期天气、杭州一周天气展望以及钱塘江潮汐预报，这几个信箱的拨打占比达到90%以上。通过黏性度分析结果也可以知道，杭州地区拨打声讯信箱的用户黏性基本都不高，用户年均拨打次数基本在两个月一次的占比最高，达到26%左右，这说明每天拨打的基本都是新用户，而铁杆用户的比例很低，因此这几个主要信箱我们两级机构均设置相同，这样就保证了当省本级声讯系统出错跳转时将用户的拨打体验差异性降低到最少，也不至于影响铁杆用户的收听习惯和需求。

表 5.3　省级声讯信箱与市级声讯信箱设置对比

省级声讯信箱名称	杭州市级声讯信箱名称	内容是否一致
杭州短期天气	杭州主城区天气	是
杭州各县区短期天气	各县区天气预报	是
杭州一周天气展望	天气趋势预报	基本一致
全省天气	—	有一方无此内容
三小时天气	—	有一方无此内容
天气实况	天气实况	是
气象热点	未来天气分析	基本一致
高速公路	高速公路能见度预报	基本一致
气象预警	气象预警	是
钱塘江潮汐预报	钱塘江潮汐预报	是
—	上下班天气	有一方无此内容

5.4　层级监控

运营初期各运营商“96121”声讯平台基本还是独立运行，并且采用人工监听的方式，难免出现各相关信箱不同步甚至信箱不能及时更新的现象。随着跨地区气象电话声讯服务的开展，用户异地拨打量的提升，我们决定采用层级监控技术来确保各信箱更新的一致性。

核心研究内容包括：通过对原有移动、联通、电信“96121”声讯平台各信箱结构、信源、更新时限等进行全方位的比较和分析，利用 SQL Server 2005 数据库，将各信箱结构、信源、更新时限等统一收集并保存到数据库中，最后利用编程软件，规划平台分布结构，实现对信箱内容的层级监控（图 5.8）。

key	enter	xinxiang	source	mid	targetvoc	updatetime	jk	lastupdatetime	int	ef	s
1	联通	杭州短期天气	Y:\58XXX\96121dqfb.txt	Y:\YSZX\96121\xqdq\96121hz.txt	d:\pcm121\96121\杭州短期天气.voc	e1	1	2011-7-21 15:32	180	1	1
2	联通	余杭短期天气	Y:\58XXX\yhk1995.txt	Y:\YSZX\96121\xqdq\96121yh.txt	d:\pcm121\96121\余杭短期天气.voc	06:00;10:00;15:	1	2011-7-21 15:12	180	1	1
3	联通	富阳短期天气	Y:\58XXX\fy58449.txt	Y:\YSZX\96121\xqdq\96121fy.txt	d:\pcm121\96121\富阳短期天气.voc	06:00;10:00;15:	1	2011-7-21 15:11	180	1	1
4	联通	淳安短期天气	Y:\58XXX\ca58543.txt	Y:\YSZX\96121\xqdq\96121ca.txt	d:\pcm121\96121\淳安短期天气.voc	06:00;10:00;15:	1	2011-7-21 15:09	180	1	1
5	联通	建德短期天气	Y:\58XXX\jd58544.txt	Y:\YSZX\96121\xqdq\96121jd.txt	d:\pcm121\96121\建德短期天气.voc	06:00;10:00;15:	1	2011-7-21 15:54	180	1	1
6	联通	临安短期天气	Y:\58XXX\la58448.txt	Y:\YSZX\96121\xqdq\96121la.txt	d:\pcm121\96121\临安短期天气.voc	06:00;10:00;15:	1	2011-7-21 15:30	180	1	1
7	联通	萧山短期天气	Y:\58XXX\xs58459.txt	Y:\YSZX\96121\xqdq\96121xs.txt	d:\pcm121\96121\萧山短期天气.voc	06:00;10:00;15:	1	2011-7-21 15:22	180	1	1
8	联通	桐庐短期天气	Y:\58XXX\tl58542.txt	Y:\YSZX\96121\xqdq\96121tl.txt	d:\pcm121\96121\桐庐短期天气.voc	06:00;10:00;15:	1	2011-7-21 15:03	180	1	1
9	联通	三小时天气	Y:\YSZX\96121\xqdq\sxsyb.txt	Y:\YSZX\96121\xqdq\sxsyb.txt	d:\pcm121\96121\三小时.voc	e3	1	2011-7-21 17:03	180	1	1
10	联通	高速公路天气	Y:\database\mos\121gsgl.txt	k:\121gsgl.txt	d:\pcm121\96121\高速公路.voc	10:00;16:00	1	2011-7-21 17:03	180	1	1
11	联通	全省天气	Y:\database\mos\wwwdqybg.txt	k:\wwwdqybg.txt	d:\pcm121\96121\全省天气.voc	05:00;11:00;16:	1	2011-7-21 17:03	180	1	1
12	联通	气象热点	Y:\YSZX\wz\qxrd.txt	Y:\YSZX\wz\qxrd.txt	d:\pcm121\96121\气象热点.voc	10:00	1	2011-7-21 17:03	180	1	1
13	联通	天气实况	Y:\58XXX\vvoice.6		Y:\58XXX\vvoice.6	e1	1	2011-7-21 17:03	180	1	1
14	联通	一周天气	Y:\YSZX\wz\yztq.txt	Y:\YSZX\wz\yztq.txt	d:\pcm121\96121\杭州一周天气.voc	10:00	1	2011-7-21 17:03	180	1	1
15	电信	杭州短期天气	Y:\58XXX\96121dqfb.txt	Y:\YSZX\96121\xqdq\96121hz.txt	d:\pcm121\96121\杭州短期天气.voc	e1	1	2011-7-21 15:32	180	0	1
16	电信	余杭短期天气	Y:\58XXX\yhk1995.txt	Y:\YSZX\96121\xqdq\96121yh.txt	d:\pcm121\96121\余杭短期天气.voc	06:00;10:00;15:	1	2011-7-21 15:12	180	0	1
17	电信	富阳短期天气	Y:\58XXX\fy58449.txt	Y:\YSZX\96121\xqdq\96121fy.txt	d:\pcm121\96121\富阳短期天气.voc	06:00;10:00;15:	1	2011-7-21 15:11	180	0	1
18	电信	淳安短期天气	Y:\58XXX\ca58543.txt	Y:\YSZX\96121\xqdq\96121ca.txt	d:\pcm121\96121\淳安短期天气.voc	06:00;10:00;15:	1	2011-7-21 15:09	180	0	1
19	电信	建德短期天气	Y:\58XXX\jd58544.txt	Y:\YSZX\96121\xqdq\96121jd.txt	d:\pcm121\96121\建德短期天气.voc	06:00;10:00;15:	1	2011-7-21 15:54	180	0	1
20	电信	临安短期天气	Y:\58XXX\la58448.txt	Y:\YSZX\96121\xqdq\96121la.txt	d:\pcm121\96121\临安短期天气.voc	06:00;10:00;15:	1	2011-7-21 15:30	180	0	1
21	电信	萧山短期天气	Y:\58XXX\xs58459.txt	Y:\YSZX\96121\xqdq\96121xs.txt	d:\pcm121\96121\萧山短期天气.voc	06:00;10:00;15:	1	2011-7-21 15:22	180	0	1
22	电信	桐庐短期天气	Y:\58XXX\tl58542.txt	Y:\YSZX\96121\xqdq\96121tl.txt	d:\pcm121\96121\桐庐短期天气.voc	06:00;10:00;15:	1	2011-7-21 15:03	180	0	1
23	电信	三小时天气	Y:\YSZX\96121\xqdq\sxsyb.txt	Y:\YSZX\96121\xqdq\sxsyb.txt	d:\pcm121\96121\三小时.voc	e3	1	2011-7-21 17:03	180	0	1
24	电信	高速公路天气	Y:\database\mos\121gsgl.txt	k:\121gsgl.txt	d:\pcm121\96121\高速公路.voc	10:00;16:00	1	2011-7-21 17:03	180	0	1
25	电信	全省天气	Y:\database\mos\wwwdqybg.txt	k:\wwwdqybg.txt	d:\pcm121\96121\全省天气.voc	05:00;11:00;16:	1	2011-7-21 17:03	180	0	1
26	电信	气象热点	Y:\YSZX\wz\qxrd.txt	Y:\YSZX\wz\qxrd.txt	d:\pcm121\96121\气象热点.voc	10:00	1	2011-7-21 17:03	180	0	1
27	电信	天气实况	Y:\58XXX\vvoice.6	<NULL>	Y:\58XXX\vvoice.6	e1	1	2011-7-21 17:03	180	0	1
28	电信	一周天气	Y:\YSZX\wz\yztq.txt	Y:\YSZX\wz\yztq.txt	d:\pcm121\96121\杭州一周天气.voc	10:00	1	2011-7-21 17:03	180	0	1
29	移动	杭州短期天气	Y:\58XXX\96121dqfb.txt	Y:\YSZX\96121\xqdq\96121hz.txt	d:\pcm121\96121\杭州短期天气.voc	e1	1	2011-7-21 15:32	180	0	1
30	移动	余杭短期天气	Y:\58XXX\yhk1995.txt	Y:\YSZX\96121\xqdq\96121yh.txt	d:\pcm121\96121\余杭短期天气.voc	06:00;10:00;15:	1	2011-7-21 15:12	180	0	1
31	移动	富阳短期天气	Y:\58XXX\fy58449.txt	Y:\YSZX\96121\xqdq\96121fy.txt	d:\pcm121\96121\富阳短期天气.voc	06:00;10:00;15:	1	2011-7-21 15:11	180	0	1
32	移动	淳安短期天气	Y:\58XXX\ca58543.txt	Y:\YSZX\96121\xqdq\96121ca.txt	d:\pcm121\96121\淳安短期天气.voc	06:00;10:00;15:	1	2011-7-21 15:09	180	0	1
33	移动	建德短期天气	Y:\58XXX\jd58544.txt	Y:\YSZX\96121\xqdq\96121jd.txt	d:\pcm121\96121\建德短期天气.voc	06:00;10:00;15:	1	2011-7-21 15:54	180	0	1
34	移动	临安短期天气	Y:\58XXX\la58448.txt	Y:\YSZX\96121\xqdq\96121la.txt	d:\pcm121\96121\临安短期天气.voc	06:00;10:00;15:	1	2011-7-21 15:30	180	0	1
35	移动	萧山短期天气	Y:\58XXX\xs58459.txt	Y:\YSZX\96121\xqdq\96121xs.txt	d:\pcm121\96121\萧山短期天气.voc	06:00;10:00;15:	1	2011-7-21 15:22	180	0	1
36	移动	桐庐短期天气	Y:\58XXX\tl58542.txt	Y:\YSZX\96121\xqdq\96121tl.txt	d:\pcm121\96121\桐庐短期天气.voc	06:00;10:00;15:	1	2011-7-21 15:03	180	0	1
37	移动	三小时天气	Y:\YSZX\96121\xqdq\sxsyb.txt	Y:\YSZX\96121\xqdq\sxsyb.txt	d:\pcm121\96121\三小时.voc	e3	1	2011-7-21 17:03	180	0	1
38	移动	高速公路天气	Y:\database\mos\121gsgl.txt	k:\121gsgl.txt	d:\pcm121\96121\高速公路.voc	10:00;16:00	1	2011-7-21 17:03	180	0	1
39	移动	全省天气	Y:\database\mos\wwwdqybg.txt	k:\wwwdqybg.txt	d:\pcm121\96121\全省天气.voc	05:00;11:00;16:	1	2011-7-21 17:03	180	0	1
40	移动	气象热点	Y:\YSZX\wz\qxrd.txt	Y:\YSZX\wz\qxrd.txt	d:\pcm121\96121\气象热点.voc	10:00	1	2011-7-21 17:03	180	0	1
41	移动	天气实况	Y:\58XXX\vvoice.6	<NULL>	Y:\58XXX\vvoice.6	e1	1	2011-7-21 17:03	180	0	1

图 5.8　数据库设置

为了便于对“96121”声讯各平台信箱的监管，将移动、联通、电信“96121”声讯平台由平行对等分布结构优化为线状层级结构，并按照平台拨打承载数区别，将移动声讯信箱设为更新第一层，联通声讯信箱设为更新第二层，电信声讯信箱设为更新第三层。改造之前的结构与之后的结构分别见图 5.9 和图 5.10。

结合 TTS 语音转换系统,气象声讯服务信箱监控系统可按照各信箱更新时限每 3 分钟对信源进行一次动态检查,包括对语音转换前源文件监控及转换后语音文件监控。

监控要素包括:源文本文件系列关键词、语音文件更新时间与大小等要素。同步系统包括对源文本文件更新、语音文件更新等。

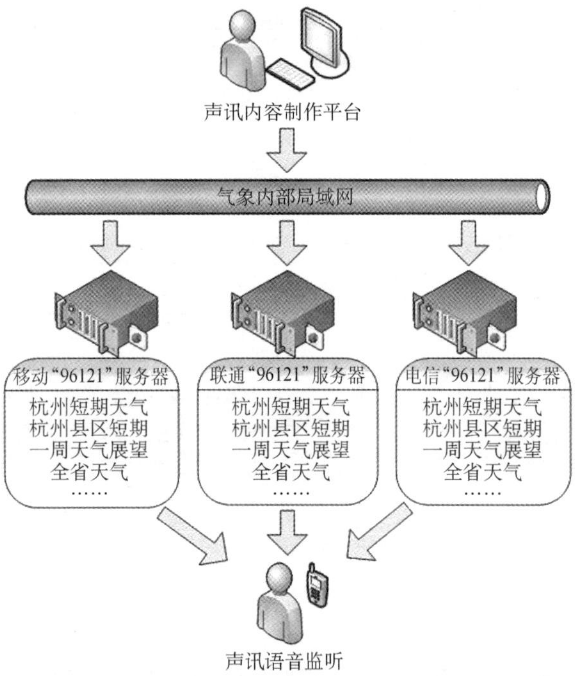

图 5.9 改造前的声讯语音监听系统结构

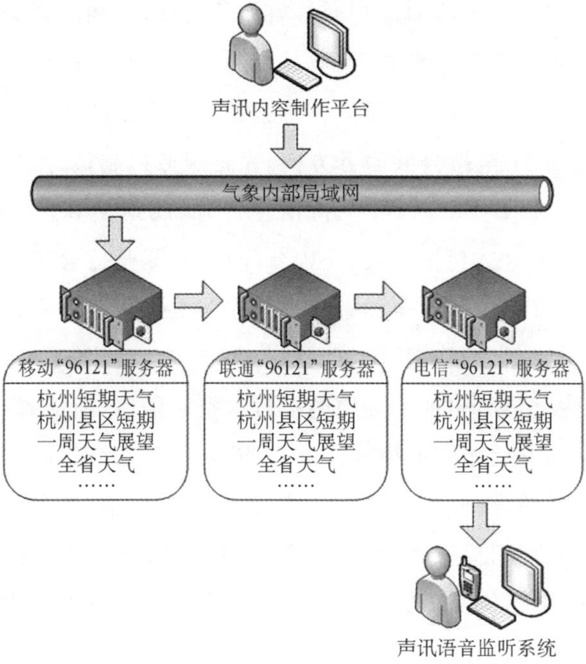

图 5.10 改造后的声讯语音监听系统结构

5.5 异地拨打的实现

声讯服务开通伊始，各地市气象局自行承建和维护声讯平台，由于异地拨打无法结算的原因，各地市平台均未开通异地拨打服务，给诸多需要异地声讯服务的用户带来了不便。在中国气象局公共气象服务旗帜的引领下，浙江省声讯系统于 2009 年首先开通了异地拨打服务，但由于各地市气象局扣费方式不规范、扣费标准不统一，从而导致异地拨打无法计费，给气象部门造成一定经济损失，尤其是位于沿海地区的舟山、台州等地。鉴于这种情况，舟山、台州等地首先与本地的运营商签署相关协议，互相实现异地扣费。随着浙江省声讯服务影响力、覆盖面的大幅提高，省气象局专门发文《关于进一步完善气象短信声讯服务有关机制的通知》制定了五个完善原则：①坚持公共服务方向，完善服务机制；②坚持惠民、利民原则，完善收费机制；③坚持信息公开、属地结算，完善结算机制；④坚持责、权、利相一致，完善分配机制；⑤坚持分工协作、齐抓共管，完善监管机制。浙江省统一首先与电信运营商合作，实现声讯异地拨打的集约管理，由省电信公司统一计费，各地市气象局与当地运营商结算，实现了异地的拨打计费。随后，浙江省联通公司也采用了与电信相同的模式。2012 年 1 月起，浙江省移动公司与省气象局开始合作，实现异地计费，但模式与电信、联通稍有不同：话单由气象部门提供，各地市气象平台不动，统一话单格式、通过 FTP 方式定时将话单传送给省移动公司与省气象服务中心，实现话单的异地拨打计费。下面以全省移动声讯集约为例，介绍一下异地声讯计费统计及上传系统。

5.5.1 异地拨打计费系统

移动异地声讯拨打首先要全省统一规范话单文件名及内容格式（表 5.4），然后各地市气象服务中心平台统一安装由北京双顺达公司开发的移动话单计费及上传系统，根据统一的规范要求每日定时（30 分钟 1 次）分别给浙江省移动公司及浙江省气象服务中心上传话单文件，移动公司按话单文件统一计费。

移动声讯话单文件名格式为：ZJWEATHER_YYYYMMDD.NNN。其中，YYYYMMDD 标识年月日，NNN 表示话单文件序号（NNN＝000～047，每隔 30 分钟产生一个文件，如无话单，

输出空文件)。文件采用纯文本格式,字段之间使用"|"分隔,每条记录最后一个字段后面以回车换行符结束。字段值不够位数时,不需要填写空格补足。

表 5.4 声讯话单文件内容字段规范说明

序号	名称	域名	最大长度	填写说明
1	USER_NUMBER	计费用户号码	15	手机号码:11 位 移动固话号码:3 位地区号码+固话号码
2	CALL_TYPE	呼叫类型	2	0:主叫
3	START_TIME	通话起始时间	14	YYYYMMDDHHMISS
4	DURATION	通话时长	10	单位:秒
5	WEATHER_NUMBER	气象号码	4	"96121"或"12121"
6	BAL_AREA_CODE	气象号码归结算地区	4	用于结算费用给哪个地区 比如:杭州用户在宁波拨打气象预报号码"96121"或者"12121",如果这笔信息费需要结算给宁波地区的话,则此字段应填写 574;如果是按手机号码归属地的话,则应填写 571
7	FEE	信息费	20	单位:厘

下面介绍一下如何按照表 5.4 的规范来设置计费文件参数。计费系统主界面如图 5.11 所示,由于"12121"不收信息费,移动公

司仅需要"96121"话单，同时按照规范要求，需要统一文件内容格式及文件名，为此需要将"统计仅对被叫局向"96121"统计形成数据库"选项以及"使用模板命名"和"形成自定义文件内容的清单列表文件"选项勾上。进入"设置任务"界面(图 5.12)，根据要求选择相应上传时间间隔及对应的移动工作站，再进入"选择模板"界面按照表 5.1 的字段规范以及话单文件名规范要求进行相应设置(图 5.13)。

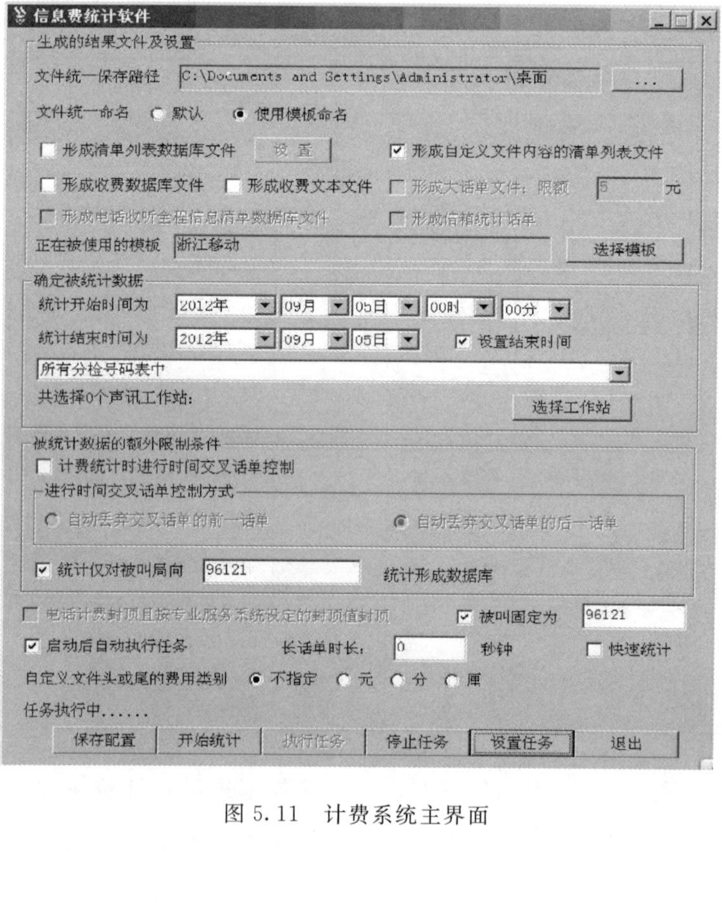

图 5.11　计费系统主界面

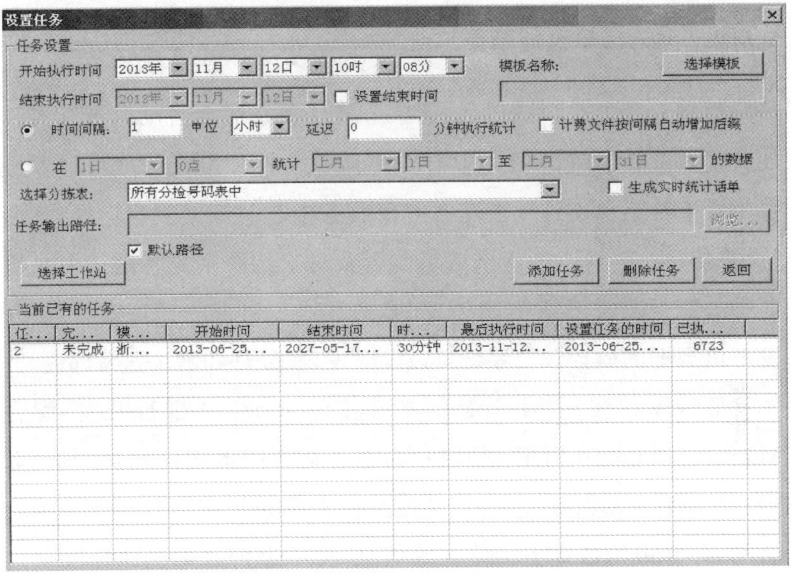

图 5.12　系统任务设置界面

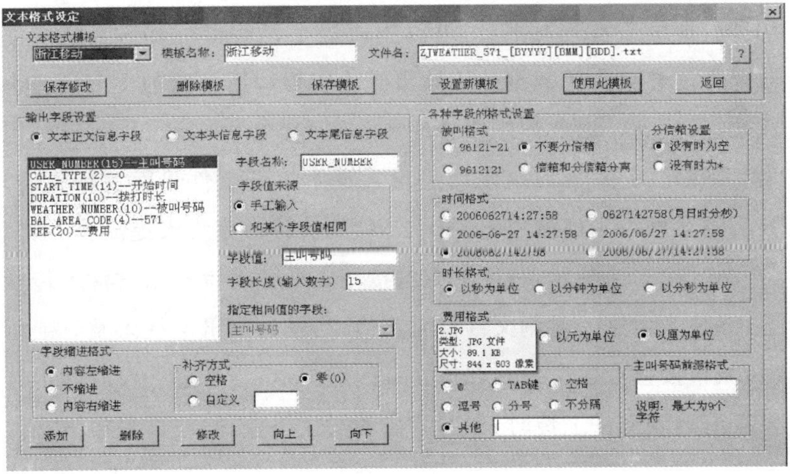

图 5.13　话单文件格式设定界面

5.5.2 声讯话单监控预警系统

话单计费文件形成以后，话单上传计费系统会自动给浙江省移动公司及浙江省气象服务中心上传话单文件。由于各地市气象服务中心上传话单文件到浙江省气象服务中心时频繁发生问题，如漏传、重传、空文件等，而声讯话单能否及时上传关系到各地市气象服务中心能否及时下话单计费，直接关系到各地市的经济效益，故开发声讯数据的监控预警系统可以及时发现、处理和解决这些问题。

监控系统采用 Microsoft Visual Studio2010 进行开发，配合 Microsoft Speech SDK 语音技术，当各地市声讯文件发生漏传、重传、空文件等现象时，系统自动发声报警，同时自建 Access2007 数据库，存储声讯数据上传记录等信息，便于进行数据统计分析。

微软的 Speech SDK 是微软提供的软件开发包，其中包含了语音识别和合成引擎相关组件、帮助文档和例程，它是一个语音识别和合成的二次开发平台，可以用声音来代替鼠标和键盘完成部分操作。移动声讯数据监控预警模块主要利用了它的文字语音合成功能，代替了以往程序报警时单调的“嘟嘟”声，让程序可以“说出”个性化的报警语音，使得值班人员不打开软件界面进行查看，只听语音即可了解哪里出了什么问题，工作效率大大提高。

如图 5.14 所示，程序上方各按钮表征各地市声讯文件上传状态：绿色表示这一时刻文件按时上传；当发送声讯文件未及时上传时，城市按钮会以橙色和红色交替闪烁提示；当延迟一段时间仍然没有监测到文件上传时，程序会自动发生报警，如：“嘉兴声讯文件上传不存在，请检查！”与此同时，若勾选右侧“移动短信报警”选项，程序会自动生成报警信息文本（内容为未上传的声讯文件名），并根据保存的手机号码数分钟即可发送至相关地市气象服务中心值班员手中(图 5.15)。

图 5.14　移动声讯数据监控预警模块主界面

通过程序下方的文本框可以查看每一时次的各地市声讯文件上传状态汇总情况，当发生漏传、重传现象时也会把最新的结果及时更新至此，点击各地市的按钮可以查看当日各地的上传历史记录(图 5.16)。

系统还具有错误统计、重传历史等功能。点击“错误统计”按钮可以统计数据库中各地市未及时上传的文件或者统计漏传的记录，并给出饼状示意图，如图 5.17 和图 5.18 所示。点击“重传历史”按钮可以根据日期、月份查询到出现重传的文件及历史记录，如图 5.19 所示。

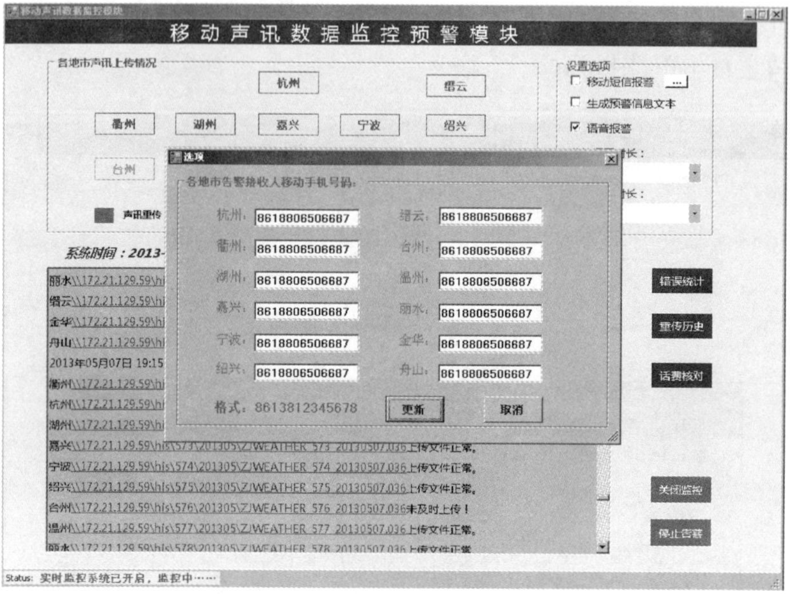

图 5.15　移动短信报警选项界面

图 5.16　地市上传历史记录

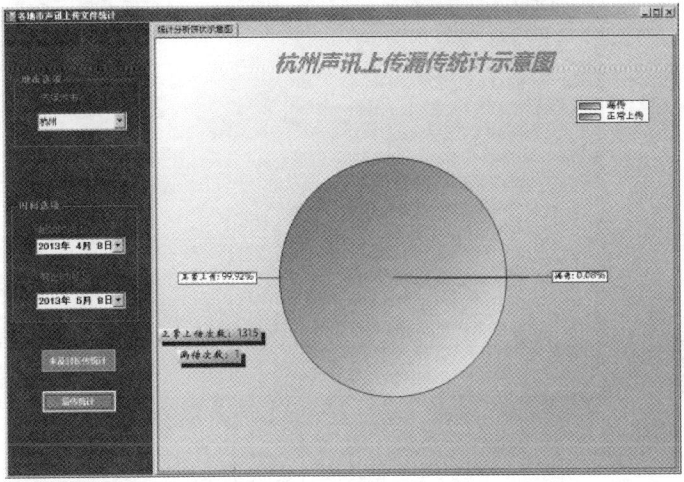

图 5.17 杭州声讯上传漏传统计示意图

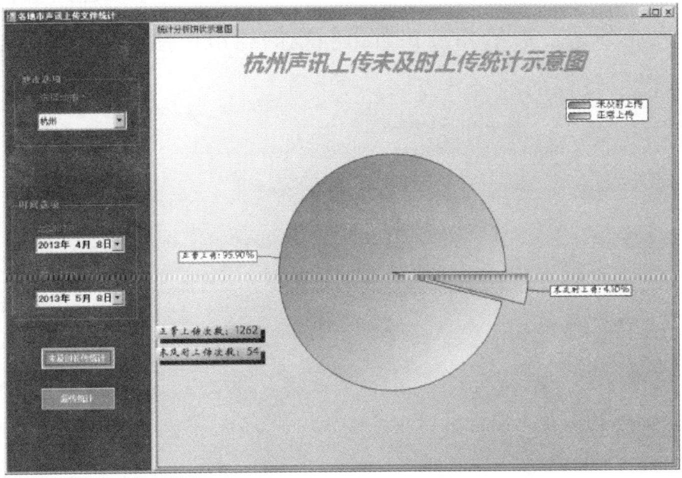

图 5.18 杭州声讯上传未及时上传统计示意图

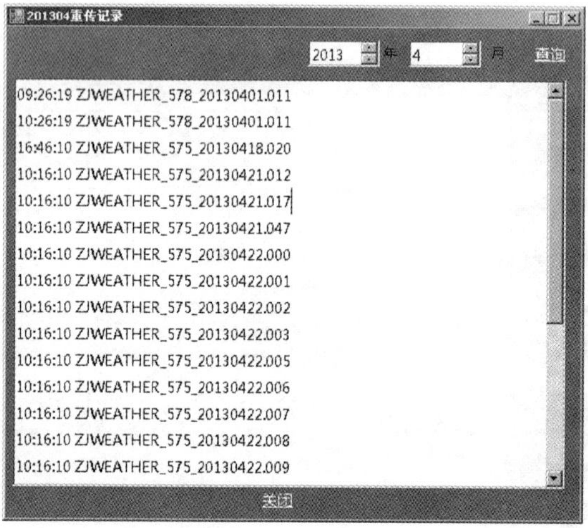

图 5.19　重传文件历史记录

此外，系统还有信息费核对功能，每日定时自动统计各地市应收信息费与实收信息费。如果不一致，系统将及时报警提醒，此功能进入业务运行后给相关扣费出问题的地市挽回了极大的经济损失，取得了较好的经济效益。

第6章　拨打特性分析

进入21世纪以来，随着科技的不断创新和互联网技术的迅猛发展，用户获取气象信息的方式、内容等都发生了巨大的变化，传统的气象信息获取渠道如电视、广播、短信、声讯等被互联网、微博、微信等分流了许多用户，声讯拨打量也开始出现下滑。气象声讯服务能否发展壮大取决于预报水平的高低，更有赖于服务质量的好坏。为提高服务质量，浙江省气象服务中心采取一系列措施，其中很重要的一方面，就是充分做好对用户拨打数据的统计、对比、分析工作，从中了解气象声讯服务的总体发展现状和趋势，以及用户的需求、拨打特点等，为今后更好地做好气象声讯服务提供参考依据。为此，浙江省气象服务中心自主研发了全省声讯数据管理系统，可以实现对3家运营商、11个地(市)逐年、逐月、逐日、逐时段的声讯拨打数据进行统计，包括各分信箱的占比统计以及同比、环比分析等，可以随时监控声讯拨打量的变化。本章部分数据统计图就取自浙江省声讯数据管理系统。

6.1　不同时间尺度拨打量分析

6.1.1　年际变化

图6.1为2008年1月—2013年7月浙江省以及杭州和舟山

气象声讯月拨打量曲线变化图。从图中看到声讯拨打量总体呈下滑趋势，杭州和全省总拨打量下降比较明显，而有的地市拨打量基本稳定，例如舟山，有所下滑但不是特别明显，有的时段还表现出突然增长，舟山市当地公众通过声讯拨打了解天气信息的需求在2012年后有升高的趋势，气象声讯服务仍有其市场和优势。

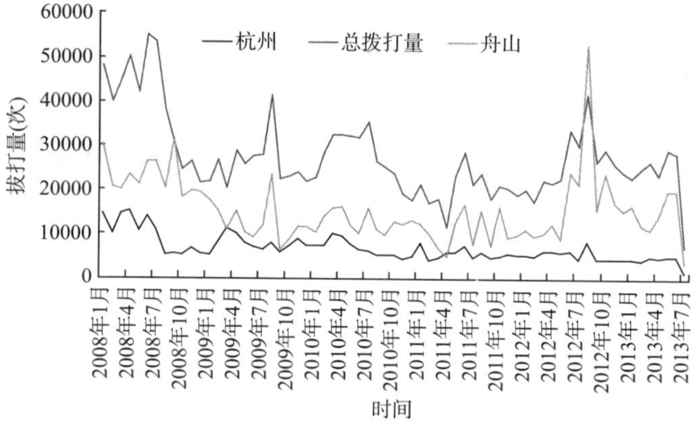

图6.1　浙江全省、杭州、舟山2008年1月—2013年7月气象声讯月拨打量

近年来，浙江省气象服务中心根据用户需求，开展了属地化的气象声讯服务。这一服务开展以来，社会反响比较好，从图6.2和图6.3中看出，杭州7个县、区的属地化拨打量自2009年之后有突破性进展，且基本维持在较高的需求水平。而7县、区总的拨打量在2012年呈现升高趋势，这与省内其他一些地(市)、某些信箱的拨打量表现出的下行趋势不同。由此可见，气象声讯服务只有方便和迎合了公众的需求，才可能有较好的发展。因此，气象声讯的服务形式和内容还有待于气象服务人员积极思索、深入开发，不断挖掘潜在的市场需求，不断趋近公众的期望值。

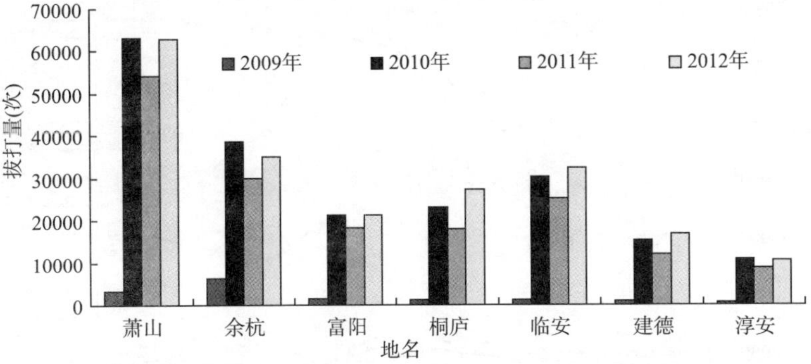

图 6.2 2009—2012 年杭州 7 县(区)气象声讯逐年拨打量

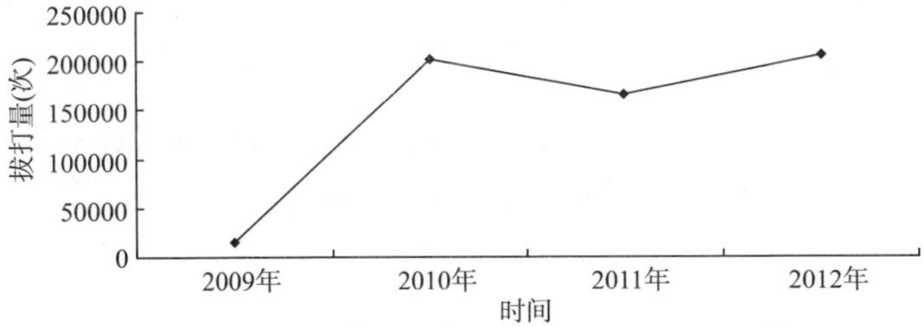

图 6.3 2009—2012 年杭州气象声讯逐年拨打量

6.1.2 月际变化

图 6.4 为浙江省 11 个地市的拨打量月际变化曲线图,各地市的声讯拨打量均呈现比较明显的季节变化。一般而言,夏季的梅汛期和台汛期是拨打高峰,同时夏、秋季节沿海的温州、台州、舟山恰逢捕鱼期,因此上述地区在夏、秋季的拨打高峰也表现得比较突出。但杭州的声讯拨打量季节变化有其特殊性,由于杭州春季天气多变,反而形成另一个拨打峰值。

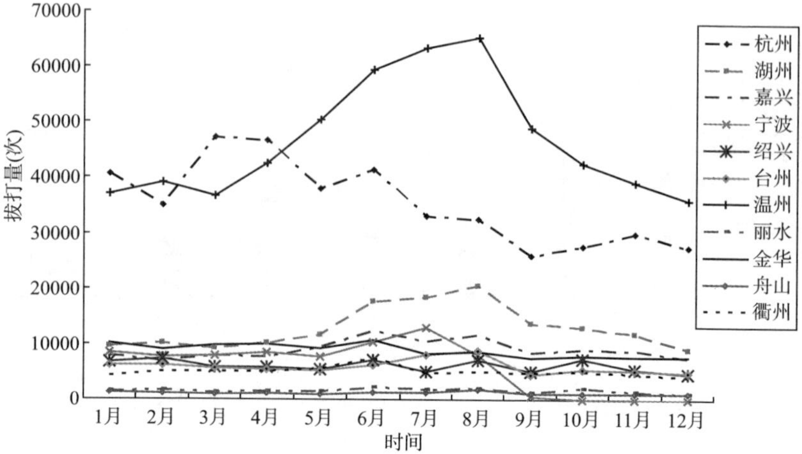

图 6.4　浙江省 11 个地市声讯拨打量月际变化

不过，在冬季各地市一般都表现出拨打的低谷。针对声讯拨打的淡季和旺季，服务上应有所侧重，尽最大可能了解用户的关注点，并有针对性地关闭或设置相关信箱，以提高声讯电话的拨打量和使用率。另外，在没有重要天气的情况下，月初和月末的拨打量相对较高，尤其是月末；而每周中周一的拨打量一般也是比较高的。

6.1.3　逐小时变化

选取杭州、嘉兴和舟山的某一时间段的气象声讯拨打量进行逐小时统计（选取的时间段为正常工作日，剔除了节假日和双休日对拨打量的影响），如图 6.5 所示，05—08 时是一天中拨打最多的时段，16—19 时也出现一个较高的集中拨打时段，也就是表现为一天的上下班时段拨打量较高。针对这一情况，省气象服务中心和省内部分地市有针对性地开展了上下班天气声讯服务，满足公众需求。

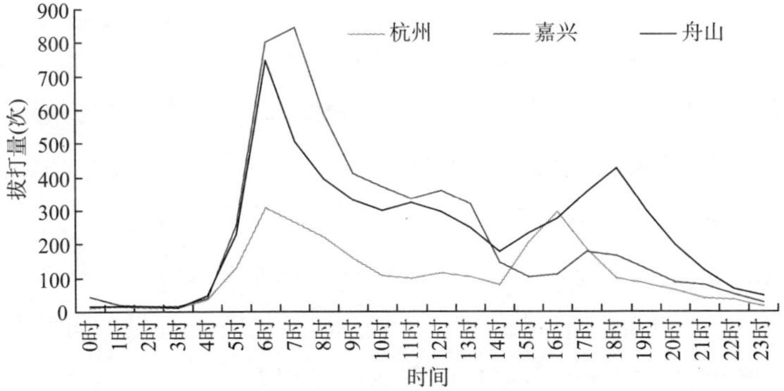

图 6.5　杭州、嘉兴、舟山气象声讯逐小时拨打量

6.2　拨打量与气象条件的关系

在各类灾害性天气过程的开始、结束和影响时段，气象声讯拨打量都有骤升、骤降，由此可见，灾害性天气对声讯拨打量的影响较为突出。通过将浙江省声讯数据管理系统与浙江省气象自动观测站一些气象数据资料相结合，选取一些可能与拨打量相关度较高的气象因子，绘制某一气象因子与拨打量关系曲线图，试图分析气象因子与拨打量之间的关系，对声讯拨打量的变化进行解释。

为此，选取了降水量、积雪深度、能见度、最低气温、最高气温这几个主要的气象要素，通过声讯数据管理软件，选择要显示的地市和运营商，以及时间范围，点击“分析”按钮即可得到气象因子与拨打量关系曲线图，通过这种双坐标双曲线图，可以粗略地从宏观上看出气象因子与拨打量的相关性。

6.2.1 最低气温与最高气温

图 6.6 和图 6.7 分别为 2013 年 1 月和 2 月杭州最低气温与气象声讯拨打量的双曲线图。由图可见：最低气温对拨打量有积极的影响，日最低气温刚开始降到 0℃以下时，拨打量升高（对应冬季冷空气影响，有可能出现雨雪天气，说明受关注度较高）；若最低气温稳定在 0℃以下时，则拨打量无明显的变化；最低气温在 0℃以上时，声讯拨打量一般不太高，而 2 月底拨打量的升高可能与当时预报 3 月 1 日的强冷空气影响过程有关。

图 6.8 和图 6.9 分别为 2013 年 2 月和 6 月杭州最高气温与气象声讯拨打量双曲线图。从图中可以看出：最高气温在 10℃以上时，拨打量没有明显变化，反而最高气温在 5℃以下或者气温出现明显升降时，拨打量波动比较大，如 2013 年 6 月 6 日—14 日拨打量明显升高，间接反映了冷空气的影响和降水过程对声讯拨打量的影响。

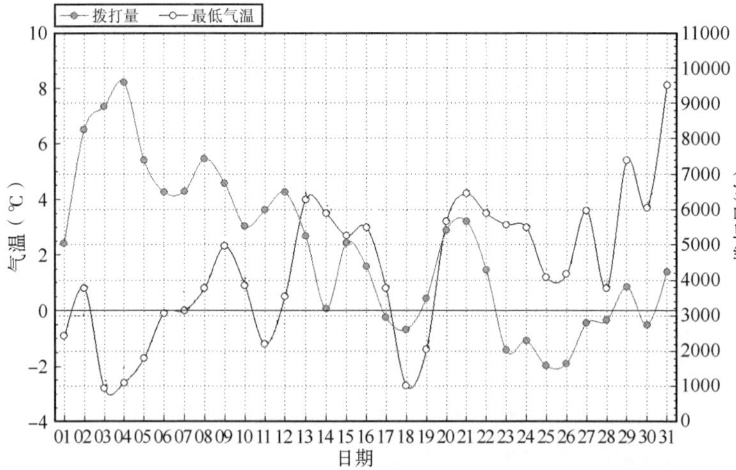

图 6.6 2013 年 1 月杭州最低气温与气象声讯拨打量关系

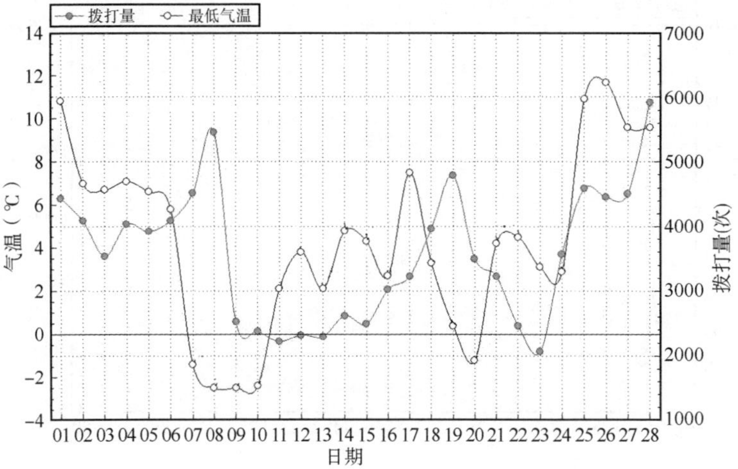

图 6.7　2013 年 2 月杭州最低气温与气象声讯拨打量关系

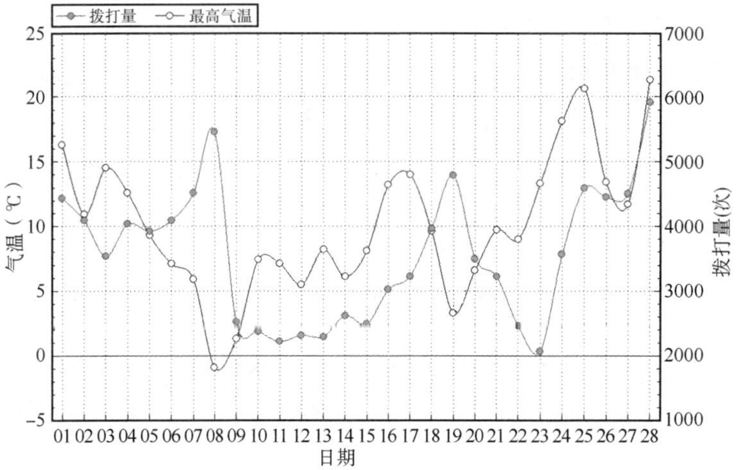

图 6.8　2013 年 2 月杭州最高气温与气象声讯拨打量关系

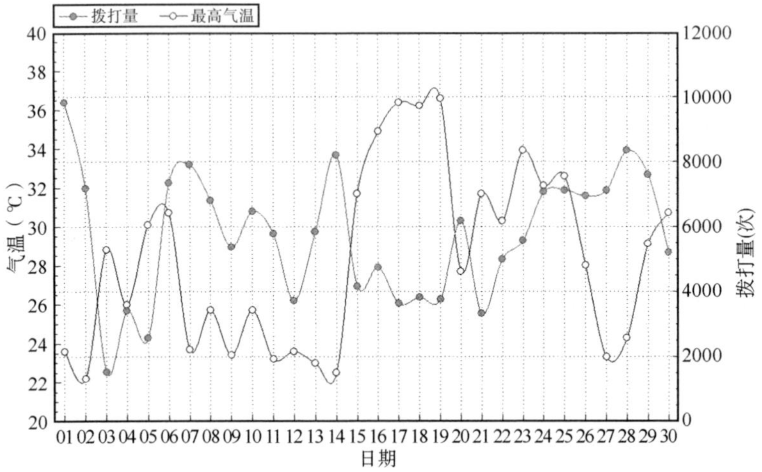

图 6.9　2013 年 6 月杭州最高气温与气象声讯拨打量关系

综上，冬季气温在 0℃以下与拨打量有负相关性，气温越低，拨打量反而越高；最高气温较低（低于 5℃）时，拨打量也呈现增高趋势。如果将最低、最高气温看做冷空气或雨雪天气来临的一个指标，那么可以看到当有冷空气影响或雨雪天气过程时，拨打量较高，尤其是过程开始之前，拨打量的升高更为明显。因此，有理由将天气过程服务作为声讯电话服务的重点之一。

6.2.2　降水量

2012 年 8 月杭州降水量与气象声讯拨打量曲线图（图 6.10）显示，降水量与拨打量存在较明显的相关性，尤其是暴雨日与拨打量的相关性更好。

另外，分析发现，天气预报对拨打量就有导向作用，如预报雨量大时，拨打量也比较大，而预报雨量不明显时，拨打量变化也不明显。有的暴雨日拨打量不高可能就与预报的量级不大有关联，

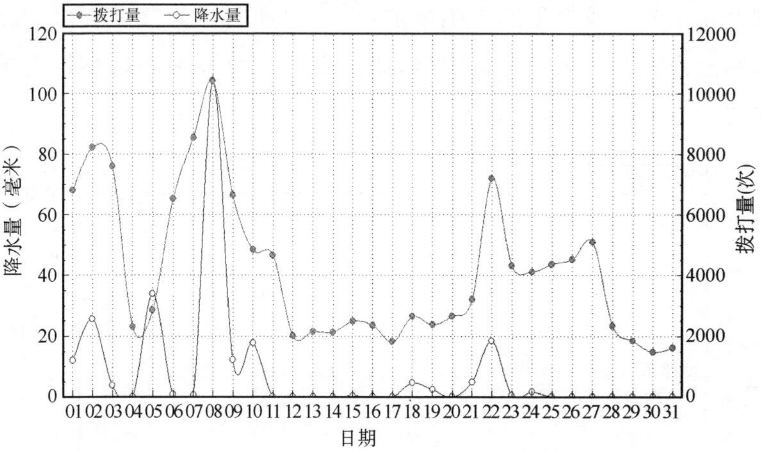

图 6.10　2012 年 8 月杭州降水量与气象声讯拨打量关系

（8 月降水量累计 244.3 毫米，其中最大日降水量 104.1 毫米）

如 2012 年 5 月最大的一次降水过程出现在 30 日（图 6.11），由于 5 月 29 日预报 30 日只有中到大雨（对应 24 小时降水等级标准为 17～37.9 毫米），因此拨打量没有明显升高，实际上 30 日的降水量为 82 毫米，达到了暴雨标准；再如 2012 年端午节期间（6 月 23—25 日），由于 23 日预报 24 日天气阴有中雨，局部大到暴雨，导致 24 日拨打量明显升高，但是实况 24 日降水不明显，有的地方几乎没有降水，即出现报空现象导致 24 日拨打量升高（图 6.12）。当然，影响拨打量的因素是多方面的，由于端午节是法定节假日，声讯电话拨打量可能有一部分来源于有出行旅游打算的人，但仍不能排除天气的影响。

图 6.13 和图 6.14 分别体现了 2013 年 6 月和 8 月杭州的降水量与气象声讯拨打量的关系，均显示出较大的降水对应较高的拨打量。6 月份的梅雨天气过程和 8 月份的台风“潭美”降雨过程

都明显引起了拨打量的大幅增加，再一次证明了天气过程可能是影响公众拨打行为的关键因素，而其中公众对降水的敏感性更加突出。

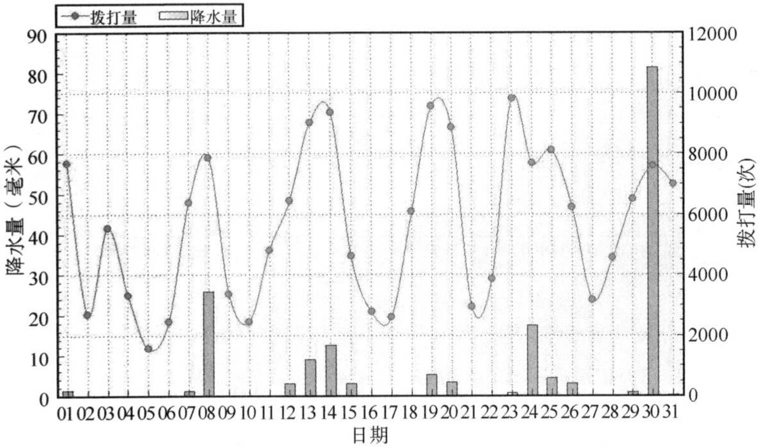

图 6.11　2012 年 5 月杭州降水量与气象声讯拨打量关系

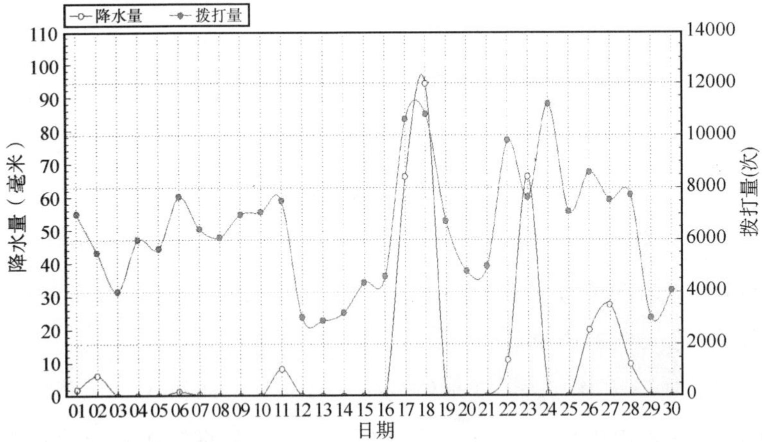

图 6.12　2012 年 6 月杭州降水量与气象声讯拨打量关系

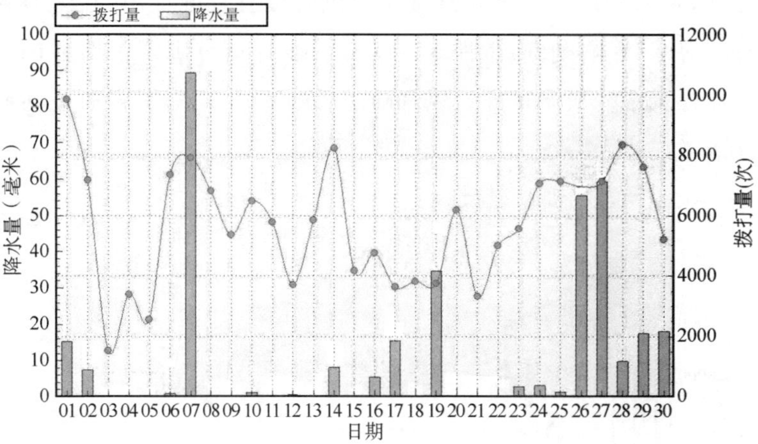

图 6.13　2013 年 6 月杭州降水量与气象声讯拨打量的关系

（6 月降水量累计 346 毫米，其中最大日降水量 89.3 毫米）

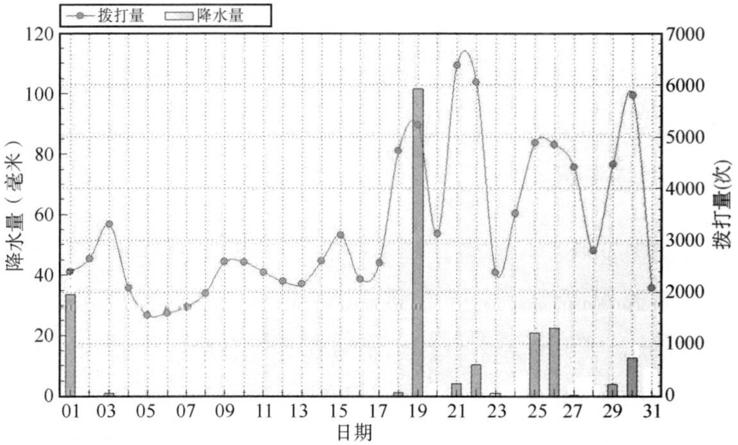

图 6.14　2013 年 8 月杭州降水量与气象声讯拨打量的关系

（8 月降水量累计 212.1 毫米，其中最大日降水量 101.5 毫米）

图 6.15 为 2012 年 8 月杭州声讯日拨打量统计图，在 8 月初台风“海葵”影响期间(8 月 5—10 日)，拨打量也出现了明显的峰值，在台风影响最严重即台风登陆前后的 8 月 8 日，日拨打量达到 1 万多次。

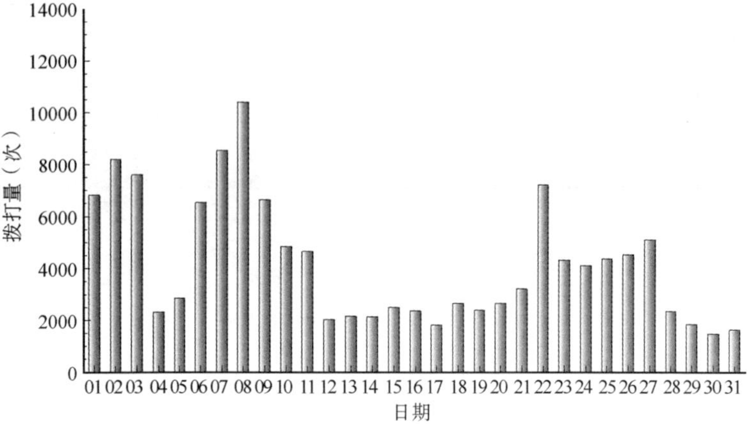

图 6.15　2012 年 8 月杭州气象声讯日拨打量统计

6.2.3　积雪深度

通过浙江省声讯数据管理系统分析降雪较明显区域拨打量与积雪深度关系，发现拨打量在降雪前一两天达到顶峰，下雪开始后关注度逐渐下降，雨雪天气快结束时拨打量有小幅回升，几个城市的拨打情况均一致(图 6.16、图 6.17 和图 6.18)。因此，在每一次特殊天气过程开始之前，就必须积极做好服务，往往能收到更好的效果。

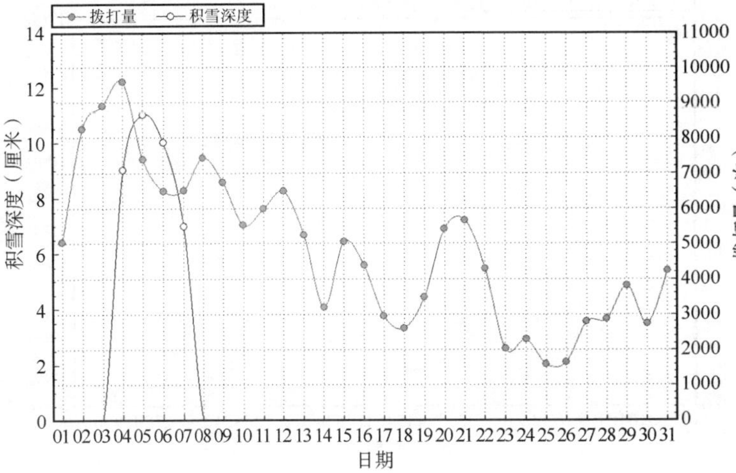

图 6.16　2013 年 1 月杭州积雪深度与气象声讯拨打量关系

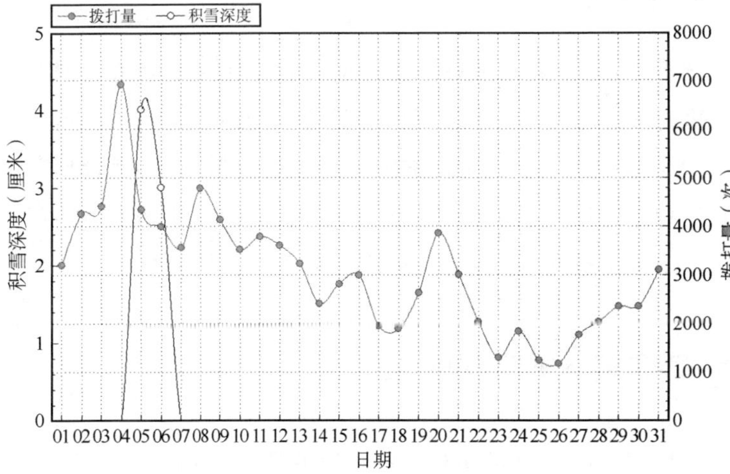

图 6.17　2013 年 1 月湖州积雪深度与气象声讯拨打量关系

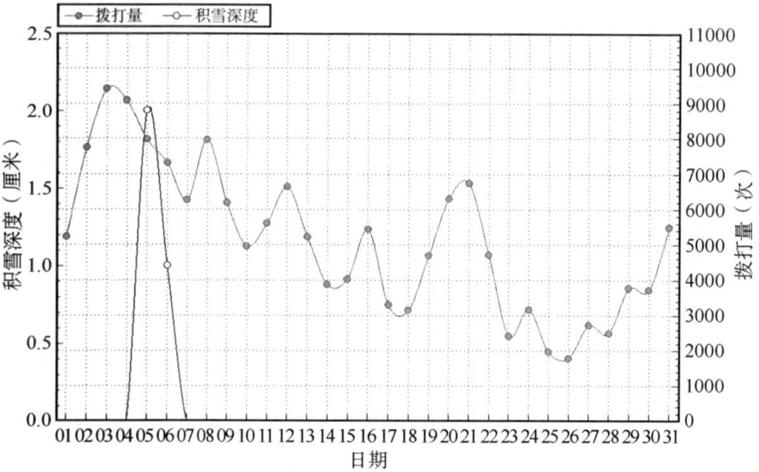

图 6.18　2013 年 1 月嘉兴积雪深度与气象声讯拨打量关系

6.2.4　能见度

分析显示，气象声讯每日拨打量一般存在两个峰值，分别对应上下班时段。在早晚高峰时段，能见度较好时一般小时拨打量为 200～250 次（图 6.19），出现雾霾天气且无明显降水的情况下一般小时拨打量可以达 300～350 次（图 6.20），遇到降水时则更加明显一些。综上分析，雾霾天气对拨打量有一定的影响。

6.3　非气象因素的影响

气象声讯的拨打量还和一些特定的活动（如中考、高考）、时节（农事关键期、春运期、大潮汛期）以及法定节假日等有较高的相关度。

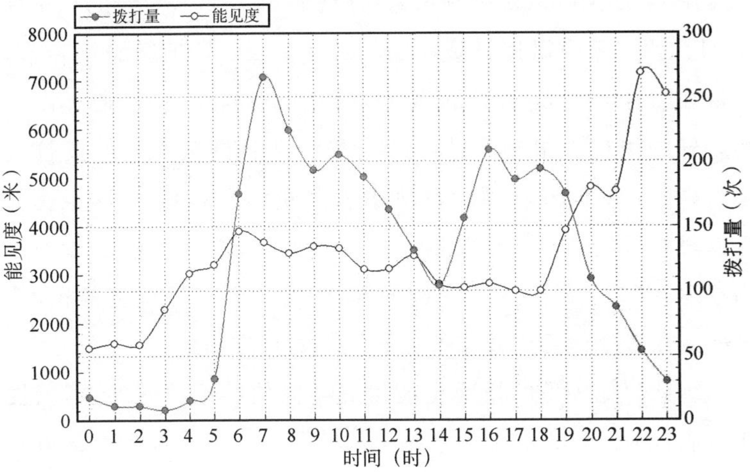

图 6.19　2013 年 1 月 17 日杭州能见度与气象声讯拨打量关系

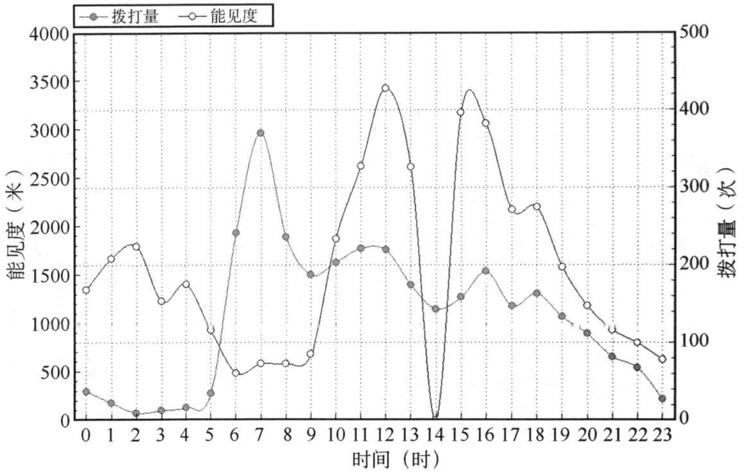

图 6.20　2013 年 1 月 14 日杭州能见度与气象声讯拨打量关系

图 6.21、图 6.22 和图 6.23 分别显示了 2013 年 2 月、6 月和 10 月杭州气象声讯逐日拨打量。2 月 1—10 日正逢蛇年春节，拨打量在当月中是最高的。6 月 6—9 日正逢当年高考，通过声讯了解天气的用户也很多。另外，10 月 1—7 日国庆期间的拨打量也是很高的，尤其是国庆假期后期拨打量更是升高明显，这也许与假日返程对天气信息需求旺盛有关。相应地，浙江气象服务中心每到春运、中高考都开通了春运天气、中高考天气等特色信箱，节假日前期在各个信箱中发布节假日天气的官方预报。

统计其他年份的情况也能得到类似的结论。另外，可以发现在节假日前一两天和节假日结束后的第一个工作日拨打量也同样有所升高，这些都说明公众在特殊的时期往往对天气的关注度更高。

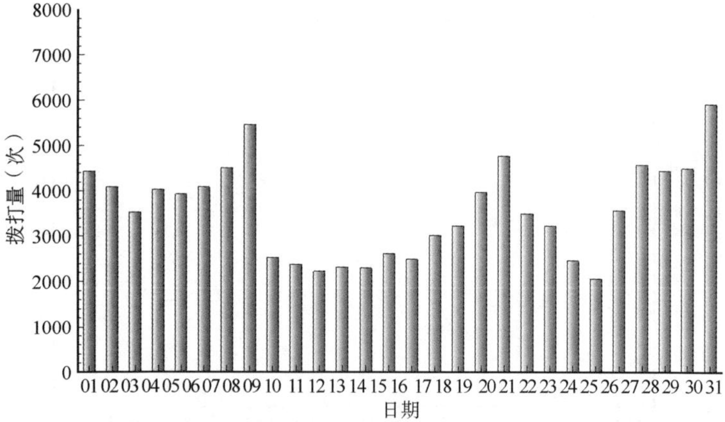

图 6.21　2013 年 2 月杭州气象声讯逐日拨打量

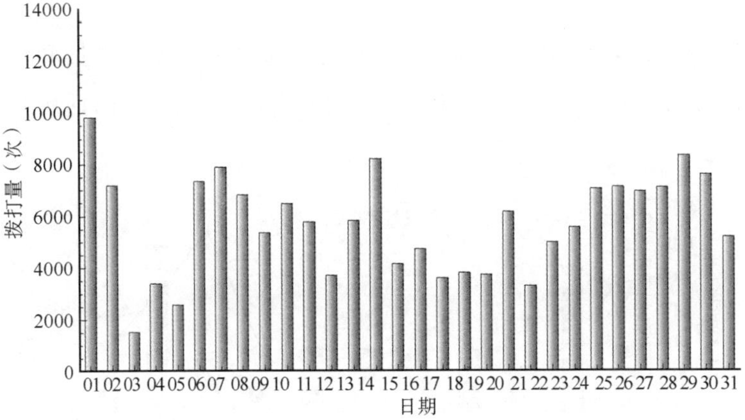

图 6.22　2013 年 6 月杭州气象声讯逐日拨打量

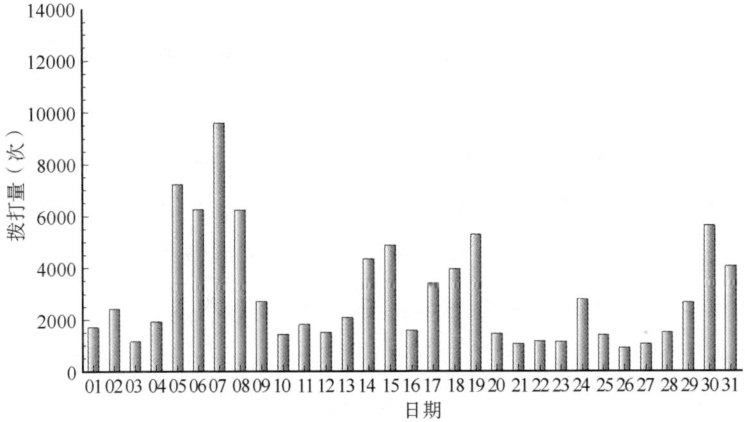

图 6.23　2013 年 10 月杭州气象声讯逐日拨打量

6.4 地市差异

图 6.24 为 2012 年浙江 11 个地市气象声讯拨打总量和年拨打率统计结果，其中，年拨打率为年拨打总量与手机、固话用户数的比。

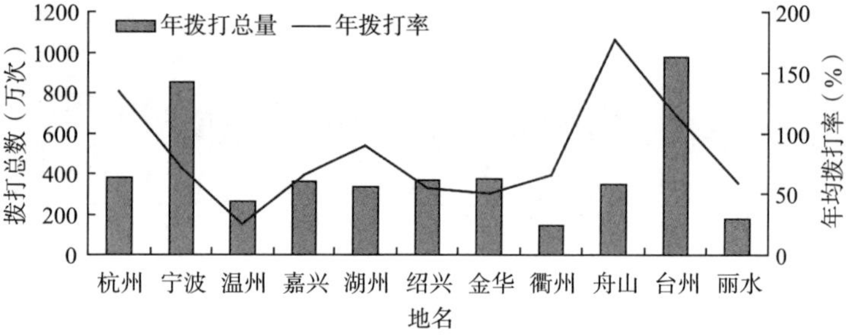

图 6.24　2012 年浙江 11 个地市气象声讯拨打总量和年拨打率

可以看到，各地市气象声讯服务存在差异，年拨打总量较高的有台州、宁波、杭州、嘉兴等市，尤其是台州和宁波，拨打总量远远高于其他地市，一方面由于当地手机、固话发展用户群体基数较大，相对其他城市声讯拨打用户可能也较多，另一方面也表明当地对气象声讯服务的重视且气象声讯服务工作做得比较到位。例如，台州市气象局在信箱设置上狠下功夫，不断充实各信箱内容，除固定保留短期、中期、海洋天气等用户关注度高的内容，其他的信箱内容都视实际需求进行过调整：2006 年成功采集自动站实况资料转换成信箱内容；火灾高发期适时推出未来森林火险等级、火险防范措施的建议信箱；关注出行，设立省内高速公路天气信箱。台州实现了以自动为主、人工为辅的方式及时转换信箱内容，还曾设置宣传语信箱引导用户拨打新信箱，也曾引入主持人说气象，通俗的语言和亲切的表达进一步贴近了用户。台州声讯服务顺应实际，调整相应信箱，最大程度将天气预报以气象产品的方式推向公众，为公众日常工作、休闲旅游，为工农业生产，为渔民及过往作业船只保驾护航。2004—2011年，台州市本级声讯年拨打量均在千万次以上。

不过从年拨打率看，台州和宁波都不算高，可见两市发展声讯气象服务用户仍有很大的空间，还可以在宣传和推广上多做工作，也还需要继续思考如何更大程度地满足更多公众的需求。杭州、舟山等市虽然年拨打总量不高，但是年拨打率比较高，说明有一部分用户可能是多次拨打的黏性用户。

6.4.1　用户黏度分析

用户黏度的高低直接关系到声讯拨打的可持续发展，若用户拨打声讯电话体验较好，可以得到所需获取的信息，则日后还有可能继续拨打，反之则对声讯电话的发展及用户数的维持不利。对声讯用户黏度进行分析可以统计出每个用户号码一年内拨打声讯的次数，依次显示＞6次、＞12次、＞20次、＞50次、＞100次、＞300次、＞600次的用户百分比，同时将拨打次数特别多（如＞300次、＞600次）的号码导出，供分析使用。由于此类用户拨打量极高（一天至少一次甚至若干次），因而若对此批号码进行有针对性的电话营销，积极沟通，主动了解他们的需求，有利于进一步的合作。

图6.25显示的是2012年杭州和舟山气象声讯用户黏度（显示拨打次数＞300次和＞600次的用户百分比），可反映忠实

用户的数量。

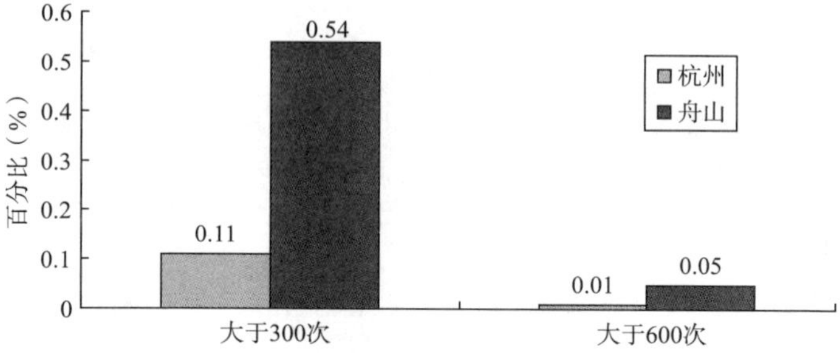

图 6.25　2012 年杭州和舟山气象声讯用户黏度

其中，杭州 2012 年全年拨打次数超过 300 次，即几乎每天都拨打气象声讯的人数比例为 0.12%，舟山更高，接近 0.6%。考虑到整个杭州地区或舟山地区拨打用户的基数很大，因而客观上忠实用户的群体也是相当大的。有必要对这部分“铁杆用户”的职业、需求等进行更进一步的调查分析，如果是天气高敏行业的业务需求，那么还可以建议在专业服务业务上进一步加强合作，从而为用户提供更细致、更专业化的气象服务，产生一定的社会和经济效益。提取其中几个拨打次数较多的号码，发现他们大多需要了解的是天气实况和全省天气情况。

其他地市声讯拨打用户年拨打量＞300 次的用户占比在 0.1%以上的还有嘉兴、台州、金华、绍兴和温州，说明浙江省气象声讯的“铁杆用户”队伍并不算小，应重视和挖掘其中的合作潜力。

6.4.2　分信箱分析

图 6.26 显示了杭州移动气象声讯各信箱的拨打量，可以看出杭州短期天气咨询所占比例最大，其次是杭州各县区短期天气，然

后是一周天气展望。用户平时最关心的仍然是短期的天气预报，其次是中期天气趋势。属地化的拨打对用户而言，更贴近生活、更实用，因此也占据了相当大的比例，这也很好地体现了气象服务人性化、精细化的发展需求。

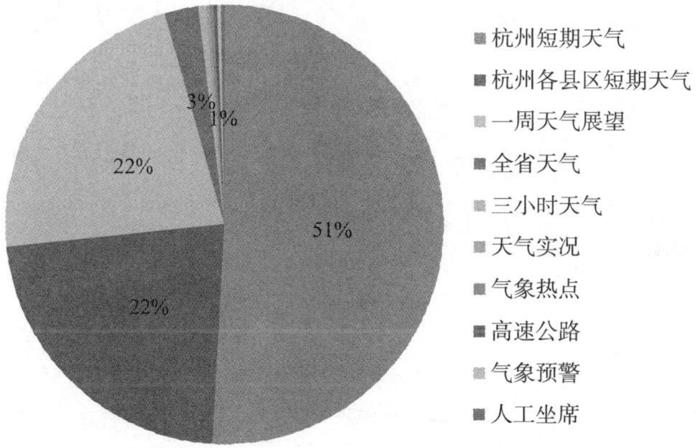

图 6.26　杭州移动气象声讯各信箱的拨打量

从 2010 年 10 月—2012 年 12 月杭州气象声讯各主要分信箱的月拨打量变化曲线图（图 6.27）可以看出，杭州短期天气、一周天气展望和全省天气的拨打量呈现均匀波动的变化，其中一周天气展望和全省天气的拨打量均呈现小幅上升趋势。而对于人工编辑制作的气象热点，波动起伏比较明显，虽然总拨打量不高，但是气象热点更改为台风动态信箱的台风影响期间均出现了两个波峰，可见台风影响期间，实时动态信息还是公众最关心、最需要的信息。及时根据天气变化和公众需求调整信箱设置是值得保持和推广的做法。

从 2010 年 10 月—2012 年 10 月嘉兴的气象声讯拨打量统计（图 6.28 和图 6.29）看，其特征主要表现如下：

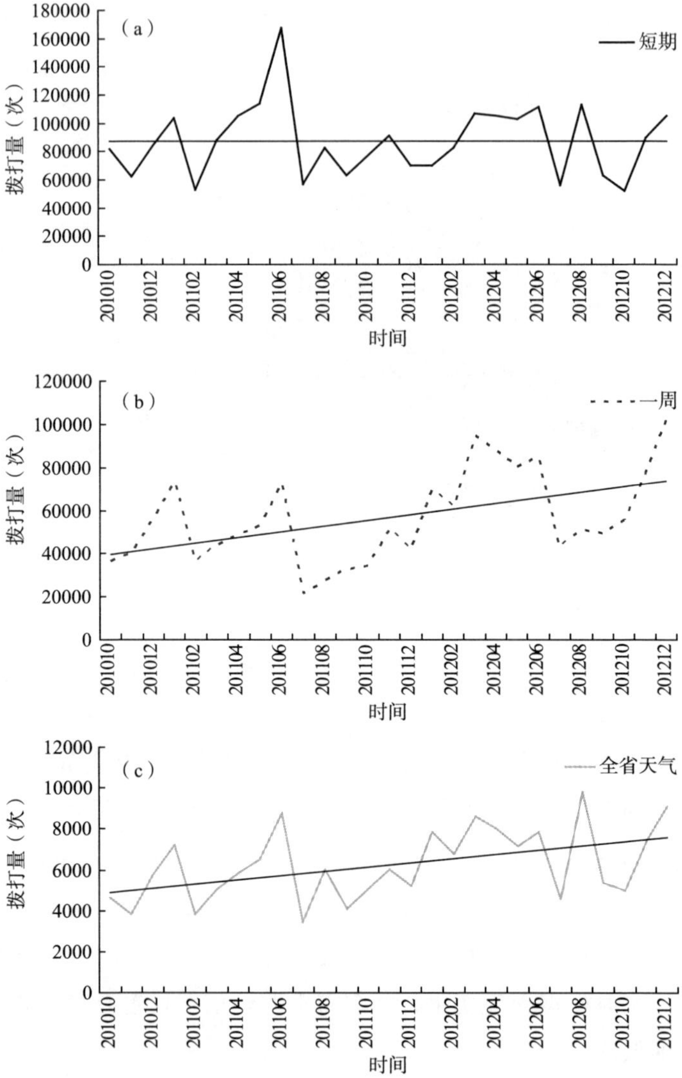

（a）
短期
拨打量（次）
180000
160000
140000
120000
100000
80000
60000
40000
20000
0
201010
201012
201102
201104
201106
201108
201110
201112
201202
201204
201206
201208
201210
201212
时间
（b）
一周
拨打量（次）
120000
100000
80000
60000
40000
20000
0
201010
201012
201102
201104
201106
201108
201110
201112
201202
201204
201206
201208
201210
201212
时间
（c）
全省天气
拨打量（次）
12000
10000
8000
6000
4000
2000
0
201010
201012
201102
201104
201106
201108
201110
201112
201202
201204
201206
201208
201210
201212
时间

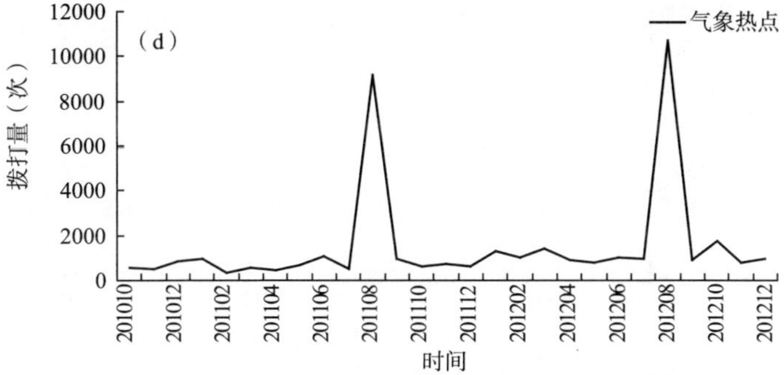

图 6.27　2010 年 10 月—2012 年 12 月杭州气象声讯各主要分信箱的月拨打量变化曲线图

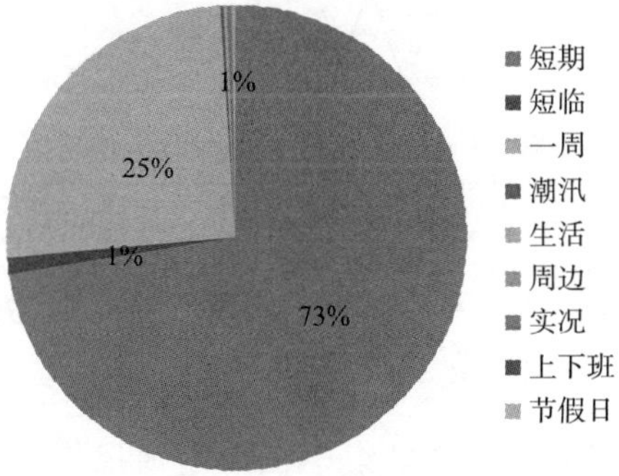

图 6.28　2010 年 10 月—2012 年 10 月嘉兴气象声讯各分信箱拨打量百分比

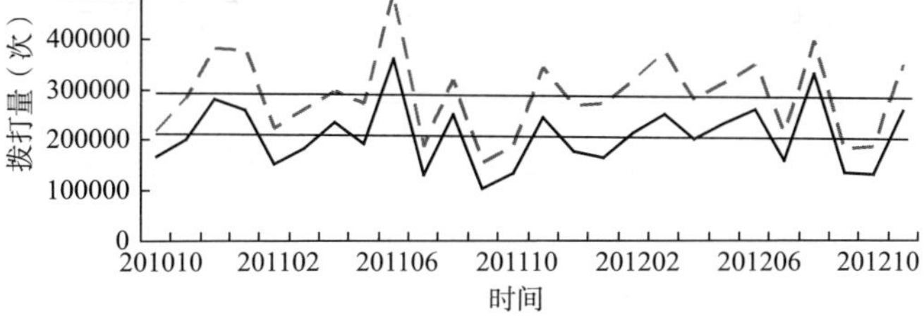

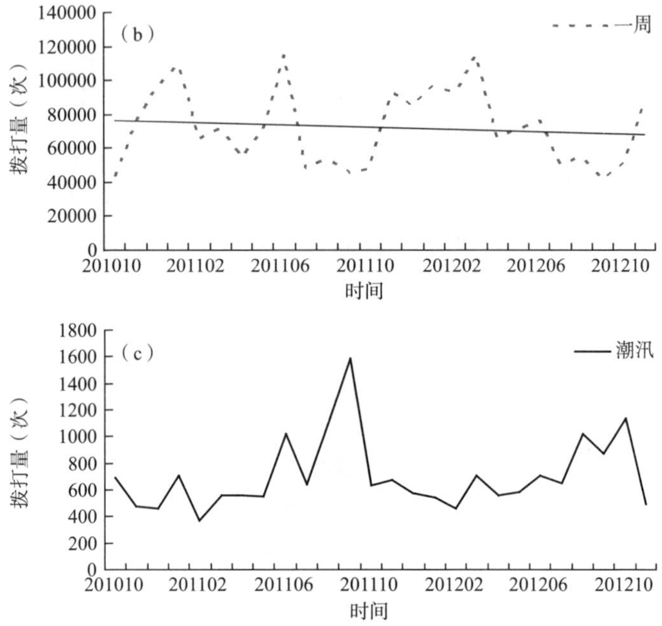

图 6.29　2010 年 10 月—2012 年 10 月嘉兴气象声讯各主要分信箱月拨打量

(1)"96121"主要拨打量集中在短期预报信箱,占总拨打量的73%,其次是一周预报信箱,占总拨打量的 25%,短临天气预报占1%,其余信箱占 1%。

(2)"96121"拨打量总体比较稳定,略有下降,其变化趋势和短期预报信箱相一致;一周预报信箱每年 10 月到次年 1 月呈稳定的上升趋势;短期预报信箱拨打量近三年比较稳定。

(3)各信箱的月(季)际变化特征明显;一周、短期、短临等传统信箱一般在 6 月、8 月都会出现峰值,在 7 月会出现谷值,其中,2011 年 6 月都出现了较高的峰值,2011 年 1—6 月一周预报信箱的拨打率持续较高。

(4)节假日信箱一年中只在法定假期前一周开始开放，拨打率也不高，但是2012年1月的拨打次数甚至超过了短临预报信箱。

(5)潮汛预报信箱有明显的单峰特点，峰值集中在8月前后，与每年潮汛期吻合。

由以上分析可以看到，虽然各地市的拨打总量总体呈现下降趋势，但是公众对短期天气、一周天气以及灾害性天气的关注度仍然很高，而有些拨打量高的信箱也有阶段性稳定增长的可能。另外，各信箱拨打量月际差异明显，一般在6月和8月都有峰值，各地各特色信箱在特定的时间内拨打量都有急增或骤增的现象，表现为与某些特定活动或灾害天气相关联。虽然"96121"拨打总量总体呈下降趋势，但各地高拨打量的信箱仍有阶段性稳定增长的时段，可见气象声讯服务仍然具备市场前景，而具有地域特色、切合公众需求的声讯服务仍是未来发展的着力点。

6.5　异地拨打分析

通过对近几年的声讯拨打数据进行整理分析，发现各地市的异地拨打量也存在一定的拨打比例，有很好的发展空间。以用户所在地为例，可以看到宁波、台州的用户拨打省内异地声讯电话的比例分别占全省拨打省内异地声讯电话总和的22.94%和31.73%，其他各地市均在2%～11%，也就是说拨打省内异地声讯了解外地天气情况的用户大多集中在了宁波和台州(图6.30)。

结合图6.31即浙江省各地市异地气象声讯拨打量占全省异地拨打总量比例，可以发现，舟山的异地拨打量占全省异地拨打总量的比例最高，也就是说有相当数量的外地用户拨打舟山的气象

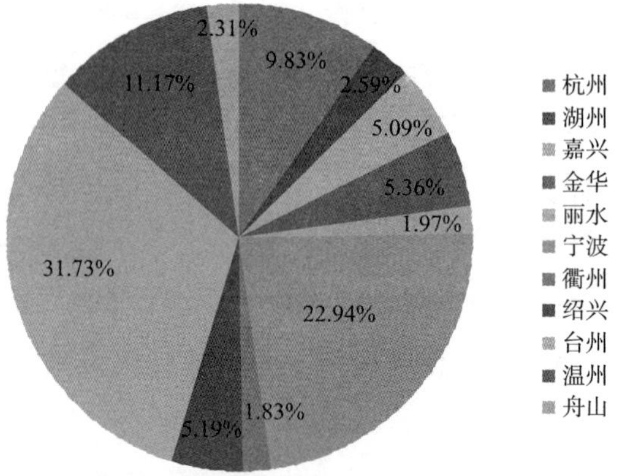

图 6.30　浙江省各地市拨打省内异地气象声讯电话量占全省省内异地拨打总量比例

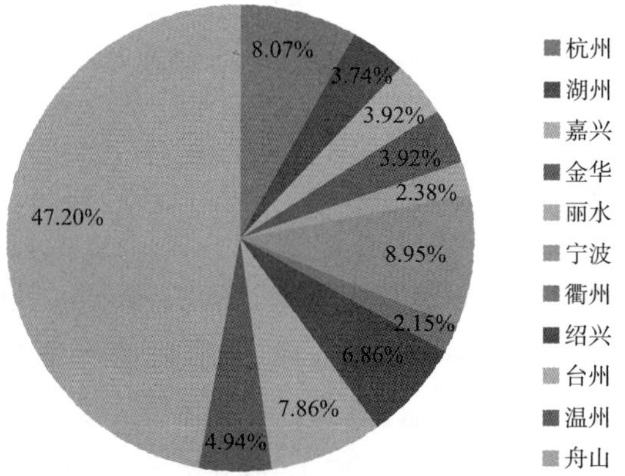

图 6.31　浙江省各地市异地气象声讯拨打量占全省异地拨打总量比例

声讯。结合图 6.30 和图 6.31 分析可知，可能台州和宁波的用户较多地拨打了舟山的气象声讯。舟山素有“东海鱼仓”和“中国渔都”之美称，沿海不少地区的渔民常会在捕鱼期到舟山捕鱼，而他们对舟山本地的天气和大风等情况就会比较关注，因此异地拨打声讯电话的可能性较高，台州和宁波的声讯拨打用户中可能有一部分也属于这样的用户。其他各地市的异地声讯电话的拨打则可能源于公众出差、旅行等一些社会活动对天气信息的需要。由此可见，气象声讯服务具有灵活性和便利性，通过声讯了解异地天气情况有可能比定制短信、定时收看电视天气预报等方式来得更便捷，异地拨打服务也为下一步更好地开发适应用户需求且更能发挥声讯优势的服务产品提供了一个比较好的范例。

如前所述，浙江省气象部门于近年联合几家运营商也同时开通了“96121”声讯电话的“县级属地化收听”功能，摆脱了用户拨通“96121”后还要根据提示音来选择所在地的天气预报的烦琐步骤，受到许多用户的好评。

第7章　发展探讨

在声讯电话发展初期，限于当时的科技和经济水平，人们获取气象信息的渠道不多，大多只能是拨打“12121”，气象声讯业有一定的垄断性，因此拨打率较高，气象声讯业务也为当时的气象防灾减灾和气象科技服务做出了较大贡献。随着气象科技服务的多元化发展，特别是近年来手机短信的发展和影视天气预报的日益完善，再加上网络信息服务的高速发展，人们获取气象信息的途径更加多样，不少人认为声讯业务落后或者过时了。不过气象声讯凭借自身的特点和优势仍维持着一定的社会需求市场。在某些特定人群和环境中，使用固定电话、手机等拨打“12121”获取气象信息仍然是普遍使用的一种方式。由数据统计结果可见，浙江省仍有大量用户每天通过声讯拨打获取气象信息。气象声讯服务，这一有着多年发展历史的业务已经走进了普通老百姓的生活，其作用和优势是其他服务渠道所无法替代的。然而，相比气象声讯最鼎盛的时期，目前的声讯业务确实出现下滑的趋势，在这样的背景下，是仅仅维持它的基本功能，还是积极探索、求新求变？只是内部改变，还是融入市场、创新突破？气象声讯服务如何在新时代焕发新的生命力？这些都值得进行更深入地探讨。

7.1　问题分析

气象声讯服务发展到一定阶段后，拨打量持续增长逐渐达到瓶颈，有些地区的声讯拨打量甚至出现了萎缩和下滑的趋势，呈现出低迷状态。当然，声讯业务受到了来自手机短信、电视、报纸、网络等服务渠道的挑战和冲击，但是也应该看到，气象声讯服务本身还存在一定的问题，有许多不完善的地方。在市场竞争日趋激烈的新形势下，声讯服务只有找出自身的缺陷和不足之处，科学地规划信箱并不断改进，壮大自身的实力，才能不断前进，取得发展。

目前，气象声讯服务主要还存在以下几方面的问题：

(1)天气预报信箱内容包装不够全面，气象要素预报信息太少(大部分只有天气现象和温度预报)，不能满足社会公众对气象信息日益多样化的需要。

(2)信箱设置调整较少，有些栏目内容缺少新鲜度，应根据用户需求的变化及时进行改版，使用户能不断关注、持续拨打，更深层次地满足公众的需求。

(3)有些信箱信息内容过分冗长，信息量少且不够突出，实用度不高，反而会降低用户拨打的积极性，并未收到实质性的效益。

(4)存在对气象信息和社会事件不敏感、反应滞后的情况。服务人员需增强对重要天气气候事件及重大社会活动的敏感度，抓住热点，更深层次地满足公众的需求。

(5)声讯服务同质化严重，缺少个性化的服务产品。服务产品形式单一、不够多样化、科技含量不够高，应密切跟踪现代通信技术和业务的发展趋势，积极开发形式新颖、多样的服务产品，不断提高声讯产品的科技含量。

(6)在服务方式上比较落后,仅限于自动答询业务,暂未开通主动外呼、音信互动、语音点播和定制等多元化服务。

(7)声讯系统合成的语音可听性差,断句不够流畅,应提高合成的真实度,不应过于生冷,让用户在收听气象信息的同时能有美好的享受。

(8)声讯服务的宣传力度不够大,不少人对气象声讯的认知度较低,而大部分知道气象声讯的人还没有形成拨打声讯电话了解天气的习惯。

7.2 社会调查

在现阶段“需求牵引、服务引领”的思想指导下,气象声讯还必须走入公众视野,获取公众最直接的需求反馈,因此,近年来浙江省各部门通过问卷调查、电话咨询、人工答询热线建议意见记录等多种形式,开展了各式各样的社会调查活动,拉近与公众的距离,增进对公众的了解,获得了公众需求的第一手资料,从中认识到声讯服务在气象服务中的作用和地位以及公众对气象服务的真实反馈,对进一步定位和发展气象声讯服务以及公众气象服务很有启迪。

1. 公众对气象信息的关注程度

从调查结果来看,受众对气象信息的关注程度非常高。51%的被调查者每天接收气象信息,一周接收三次以上的占68%,没有一个人从不接收气象信息。如果没有气象信息,43%的被调查者感觉很不方便,45%的被调查者认为有点不方便。42%的被调查者认为，只要价格合适，就会花钱购买气象信息。这无疑为“96121”“12121”的发展增添了信心。

2. 公众气象声讯认知度

受访的大部分地区对“96121”“12121”认知度都在50%以上，其中有些地区，如余姚、湖州、慈溪等，认知度在80%以上；但是知道“96121”“12121”却经常拨打的比例普遍都不高，而有的地方（如嘉兴）虽然对“96121”“12121”的认知度不太高，但是经常拨打和偶尔拨打的比例却是最高的。

“96121”“12121”的认知度在城镇和乡村没有明显的区别，但是经常拨打的用户数各地城乡差异还是比较显著，如嘉兴和慈溪是城镇高于乡村，而台州则是乡村高于城镇。

3. 公众的信息需求和对气象信息的满意度

公众最想了解的气象信息是今明天气，其次是一周天气，具有明显的信息需求一致性，大多数受众对气象信息表示比较满意，在信息接收的过程中，令受众最不满意的是预报不准确，其次是信息内容单调和信息内容难以理解。在信息内容的语言表述上，受众普遍不喜欢模糊的用语，尤其不喜欢概率预报，这为以后“96121”“12121”的信箱设计、信息的包装、语言的表达提供了重要参考。

4. 气象声讯及天气预报需求建议

此外，在大量调查中，一些用户也提出了宝贵的意见和建议，主要集中在提高预报准确率，免费发送短信，增加服务内容等方面；而有些用户则提了一些更便捷、高效地免费获取权威而精确的气象信息的渠道，如官方微博、官方微信、官方网站、官方手机客户终端等。

7.3 信箱的合理设置

经过前面的分析，我们对气象声讯的不足和公众需求有了初步的认识，气象声讯服务的发展还需要充分发挥气象声讯服务平台容量大、气象信息种类多以及全天候服务的优势，在信箱设置上多下功夫、创新突破，才能使气象声讯服务项目具备较强的竞争能力和持续发展能力。浙江省各地在气象声讯服务的具体工作中，不断调整，不断完善，在总结各市、县信箱设置做法的基础上，归纳了一些信箱设置的经验。

1. 按用户群需求设置

根据各地问卷调查结果，按不同的用户需求，合理设置信箱内容，适当地将一些内容整合到同一个信箱，具体归类如下：

普通民众关注：3 天以内预报、突发天气、连晴或连阴雨转折性天气、生活气象指数（晾晒、穿衣、感冒、出行、霉变等）；

企业领导和商务人士关注：10 天预报、转折天气、周边或全国主要城市预报；

中小学生关注：24 小时预报、气象趣闻、生日气象、历史上的今天；

公务人员关注：短时短期预报、上下班天气、转折天气、突发灾害天气、双休日和节假日天气、周边城市预报、生活气象指数（穿衣、洗车、交通等）；

退休人员关注：短时短期预报、转折天气、突发灾害天气、生活气象指数（健康、运动、郊游等）；

外地民工关注：3 小时天气、短时短期预报、突发天气。

2. 按用户拨打的时间段设置

根据各地问卷调查结果，针对不同的拨打时间段和不同的用户，合理设置信箱内容，适当地将一些内容整合到同一个信箱，在对应的时间段加强信箱内容的更新管理，可以参照以下时间段需求设置。

05:30—08:00：上班族和学生及农民等为主，对短时短期预报有需求；

08:00—17:00：机关和事业单位及集团企业人员等为主，对短时短期预报、10 天预报、周边或全国主要城市预报、上下班天气预报、生活气象指数预报等比较关注；

17:00—22:00：商务人士和企业员工及乡村居民等为主，对短时短期预报、7～10 天预报、生活气象指数预报等有需求。

3. 按天气复杂程度分类设置

在天气复杂时，在对应的信箱增加灾害天气信息和预警信号，可以参照以下情况设置：

连续晴旱、连阴雨、大风、寒潮、暴雨、高温、低温、强雷电、冰雹、大雪、冰冻、台风等灾害天气，对农户、户外作业的工人、旅游业等气象敏感行业影响较大；

人雾、大风、道路结冰、河道结冰等天气，对交通运输、港航海航影响较大；

重度灰霾影响（空气污染）对人体健康影响较大，广大群众都有需求。

4. 信箱设置的优势互补、特色信箱的设置

由 6.4.2 节的分析可知，嘉兴的短期预报拨打率为 73%，一周天气预报拨打率为 25%，而杭州的短期预报拨打率为 51%，一

周天气预报拨打率为22%。各地可以就此开展详细调研，借鉴成功经验，挖掘剩余的公众拨打潜力。而各地的特色信箱，也值得相互学习。有的地市短期信箱拨打量较高，多与这些地市将短期信箱设置为顶级信箱有关。由于不少用户都是听完顶级信箱，然后再听其他所需信箱，所以有必要在顶级信箱上多下点功夫，在顶级信箱内容上翻出新花样，做到耐听、实用，吸引公众坚持收听、反复拨打，时间也可适当延长。浙江省气象服务中心在杭州一周天气预报中尝试加入自编辑的天气实况回顾和未来趋势概述的内容，不仅延长了拨打时间，也丰富了声讯内容，取得较好效果。

同时声讯信箱的内容应该更加注重实用性。声讯服务更多的是偏向于公众服务，也就是听取实用性天气的人比较多。而对市民及党政事业部门的工作人员比较感兴趣的内容，可以不定期进行调研获取，因此不应追求信箱的数量和信箱内容过长，关键是内容要实用、吸引人。如果信箱数量过多，会给收听用户造成麻烦和厌烦的感觉，不利于提高声讯的拨打率，对于日常更新和管理也带来不便。

从分信箱拨打率来看，有些信箱往往花费了大量的精力更新，却没有实质性的效益，因此可以定期整理信箱，重设内容。例如，杭州今日热点信箱仅在8月份有较高的需求，可以考虑其余时段是否设置为其他更有吸引力的内容。

可以借鉴台州的做法，有效整合多级业务资源，实现市县一体化服务模式。即当县级业务人员在平台制作、修订天气服务内容时，就会一键同步发布到市级声讯平台，使气象服务真正属地化，体现当地的特色服务，又能很好地满足用户多地、多元的服务需求。

7.4　发展思考

现阶段，我国全面建成小康社会的总体规划，也对气象服务提出了更高要求，全球气候变暖背景下应对极端气象灾害、应对气候变化和保障生态文明建设等面临着重大挑战。当前，气象业务服务能力与经济社会发展和人民群众日益增长的需求不相适应的矛盾没有变。我们要清醒地看到，制约气象事业发展的困难和问题依然存在，因此，气象部门应积极发展完善各项服务能力，对于气象声讯业务而言，在坚持传统声讯业务稳步发展的基础上，还需要继续探索发展新型声讯业务、重点声讯业务的路子。在开发新的信息源上下功夫，加大宣传力度，通过全面、细致的市场调查以及对用户数据资料的分析，积极开发用户需要的具有实用性和实效性的气象信息产品。

在现阶段，公众气象服务主要表现为两方面的工作，一方面从规范公众的防灾减灾行为着手，使全社会在气象灾害到来之际都能采取自觉、科学、规范的防灾避灾行动；另一方面从提高全民生活水平着手，制作更加贴切人民生活实际的气象服务产品。气象声讯服务工作也应该从这两方面着手，更好、更深入地进行开拓，取得发展。为此，在总结现有经验和做法的基础上，各级气象部门正积极开拓思路、放宽视野，以更活跃、更多元的视角思考和规划气象声讯的发展。

省级传统气象声讯服务业务近期呈现下降趋势，一成不变的简单气象语音服务已经难以再吸引用户了。气象声讯业务要在激烈的竞争中有所发展，需要顺应时代与科技的发展而有所创新，以需求为牵引，以服务为引领，在技术上加强与语音识别、人工智能、客户端等新技术、新媒体的结合，服务上加强与气象短信、彩信、影视、专业服务等的融合与拓展。通过不断加强自身能力建设，加大对外宣传力度和开放合作，气象声讯在未来的气象信息服务中仍然会焕发蓬勃生机。

(1)深度挖掘，开拓专业服务，推进全方位开放合作交流。随着各行各业对气象服务要求的不断提高，需要声讯服务系统更趋细致化和专业化，遵循“优势互补、合作共赢”的理念，未来声讯服务系统可着眼于工业、农业、渔业、商贸业、旅游业、建筑业、医疗卫生行业等加以改建和细化，在多部门合作共建、信息共享上下功夫。以“消费者为中心，用户就是上帝”的经营理念，努力做到用户需要什么气象服务，就能提供什么样的气象信息产品来满足其需要。例如，农业气象服务：可进行播种期预报、收获期预报、复种期预报，以及病虫害发生发展和防治的最佳天气条件、低温冷害、霜冻、干热风等农业气象预报服务；旅游气象服务：可根据实际情况预报各个旅游景点的天气，并介绍各景点观赏的最佳天气条件；交通气象服务：可查询高速公路的天气实况等；商贸气象服务：可进行夏、冬季高、低温时间长短及早晚预报，根据天气情况提供相关建议；海洋渔业气象服务：可进行精细化的风力预报、海雾预报、气象条件对船只航线的影响预报等。同时，可考虑组建专门服务于气象声讯的预报团队，建立公众与专家的互动平台，开设各行业专项服务信箱，开辟绿色通道，充分体现专家的资源优势。

(2)发挥气象节目主持人的“明星效应”。气象节目主持人在电视荧屏上展示了清新、亲切而又富于灵动的主持风格和端庄大方的气质形象。他们把专业枯燥的气象知识和信息用浅显易懂的语言传递给人们，老百姓轻而易举地就能获得实用的天气信息及温馨提示。因此，气象节目主持人深受男女老少的喜爱和追捧，其中不少主持人的微博气象信息丰富，粉丝众多。利用气象节目主持人的明星效应，“96121”可开通主播热线，让大家与主持人电话互动，主持人生动活泼、亲和动听的语言必定会像清晨的一缕阳光、午后的一阵清风，给人以沁人心脾的感觉。对于专家热线，大家往往更注重天气现象及气象知识方面的答疑解惑，而通过拨打主播热线，大家可获取除了天气信息之外与气象有关的方方面面的信息，可能是来自受灾一线的最新报道，也可能是一个有关天气的幽默的段子。当灾害天气发生时，也可以组成一个聊天群，大家分别说出所在地的风雨情况和灾情信息等，为防灾减灾提供有利的信息。总之，大家通过气象声讯主播热线可以和自己喜欢的主持人谈“天”说“地”。

(3)发展智能气象声讯系统。目前，全球语音技术市场规模超过30亿美元，近年来年增长率保持在25%以上，未来语音识别市场被看好，其中，电信行业（VoIP等）、移动应用领域（手机、学习机、平板电脑、车载系统等移动设备）都会呈现出爆发式增长。在声讯语音领域，目前国内尚未有气象部门引入语音识别技术，都是通过传统的按键选定需要查询的气象内容来获取相关气象信息，而且需要设定静态声讯信箱，不能满足更广泛、及时的气象资讯内容获取。应用语音识别技术，实现智能声讯服务，能够支持自然语言输入，实现人机语音互动。气象声讯的技术革新，将通过良好的用户体验，带来更好的用户忠诚度，实现气象声讯的新发展。

(4)传真式声讯服务。当用户对气象信息需求量较详细或者是老年人记忆力不佳时，声讯语音信息听过很容易错过一些气象信息,我们可以在收听结束后继续设置按键,需要短信或传真接收所听信息的用户可进行操作,把声音变成文字稿。

(5)推动气象声讯均等化服务。随着智能语音技术以及各类前沿科技的发展,声讯服务应该充分应用科学技术实现对特殊群体需要的服务,气象声讯可设置专门信箱(如盲人信箱等),使更多的人享有基本公共气象服务。同时,加强乡镇、农村气象灾害服务和应急保障服务,充分发挥声讯服务便捷、灵活的优势,努力做到服务更多元,继续缩小城乡差异,不断扩大公共气象服务的受众面。

(6)服务生态文明建设。气象与生态文明息息相关,应不断增强气象科技支撑和服务能力,不断拓展气象为生态文明建设的服务领域。随着公众对环境气象关注度的不断提高,特别是对灰霾天气的关注,可以考虑设置灰霾、环境气象指数等的服务信箱。还可设置花卉观赏预报、医疗气象等专业信箱。

(7)提高能力,服务防灾减灾。从以往的经验看,越是出现灾害性天气,越是公众最需要了解天气状况的时候,这时气象声讯的拨打率会显著上升。提高气象声讯服务能力,需要不断适应防灾减灾的要求,将传统气象声讯服务向气象灾害监测预警辅助服务延伸,应更加重视实况类数据的更新频率,开通灾情的上报专用通道,注重台风、暴雪等极端灾害性天气过程的预警服务,努力提高气象声讯服务能力,不断适应防灾减灾需要。

(8)结合需求,实现主题服务。及时提供丰富多彩的气象信息服务,其实质是提供气象信息的内容服务。能否提供更贴心的精细化气象服务以及更加科学的专业化服务是关键。气象声讯系统应结合需求合理安排天气预报声讯服务的信箱结构,实现主题服务。天气预报主题服务信箱应安排在顶层,其他辅助主题服务信箱则根据大众的需求程度或提供信息的重要性来安排其顺序。气象声讯信箱内容应能根据特殊天气变化而动态改变主题服务内容,关注社会对天气变化的热点服务需求。比如,天气炎热,路面温度高时,高速公路汽车爆胎事故频发,交警和驾驶员对水泥路面温度、沥青路面温度获取的愿望很高,我们应提供这些服务信息,满足社会需求。

气象声讯服务作为气象部门对公众服务的一个窗口,既古老又年轻,相信不断创新机制的发展必将使气象部门服务软实力有质的提升。

7.5　宣传

为了提升声讯气象服务的社会认知度和拨打率,浙江省气象服务中心应通过气象短信、报纸、气象影视节目、网络媒体(浙江天气网、浙江天气官方微博等)及社会活动等多种渠道加大对气象声讯电话的宣传推广力度。

浙江省气象声讯业务服务已开展多年,但是近年来呈现下滑趋势,其中有公众不知道、不了解、不熟悉气象声讯的因素。在气象信息服务的各类渠道中,声讯服务始终未能占大比重,这固然与当下新媒体的迅猛发展,人们尤其是年轻人获取信息的方式改变有关,但也显示出了气象声讯宣传的重要性和必要性。

7.5.1　宣传方式

1. 广告

广告就是一种宣传手段,是有关商品和服务的新闻,是商家将产品的最新新闻向公众广而告知的重要途径，通常是商品生产者、经营者和消费者之间沟通信息的重要手段或企业占领市场、推销产品、提供劳务的重要形式，主要目的是扩大经济效益或者社会效益。气象信息本质也是一种商品，因此适当的广告，对于气象信息服务的发展，是有极大的帮助的。

气象声讯普遍采用的宣传方式包括广播电台、报纸等方式，随着信息时代的发展，广告宣传有了更多可以参考的方式，如广告彩绘、墙体喷字、公交车身广告等，而气象信息服务渠道的不断增加，也发展出了一些便捷的广告宣传方式，如网站、微博、电子显示屏、手机客户端等。除了网站、微博等固定画面的广告，还可在与电视、广播合作的栏目中想方设法隐性植入“96121”“12121”广告；与电信号码百事通“114”部门协作，在“114”的彩铃或回复短信形式中植入气象声讯广告；今后还可利用智能手机终端气象软件，植入气象声讯广告。气象部门新闻发言人的背景画面中，也可以植入广告，同时播放气象实况与预报图表，将（大电视机或 LED）背景与新闻发言人融合在一起录制电视媒体采访；在报纸新闻稿中视天气复杂情况植入“96121”“12121”广告等，达到公共气象服务宣传之目的。在植入广告时，可以结合当前天气实际，突出防灾减灾、重大社会活动等主题。可以和其他一些热线（有偿或是无偿的）进行交互，也就是互相做广告。上述做法，都可以增大气象声讯的宣传力度。

2. 声讯短信互动

在调研结果中发现，适当地在气象短信中植入“96121”“12121”广告语，有助于拨打量骤然间提升，如遇台风、重大转折天气等时，可以提醒用户“拨打“96121”“12121”详细了解天气情况”。

开设一些临时信箱时，声讯短信的互动有明显的增效作用。挂机短信服务能让用户收听声讯内容，挂机后就能接收到事先设置好的短信。通过短信，用户对声讯信箱的设置一目了然，这将在宣传信箱设置的同时，便于用户二次拨打。声讯短信互动涉及的方面和问题较多，应该谨慎使用，同时需要和三大通信运营商做好沟通，以便应对用户的投诉。

3. VIP包月拨打方式

对"96121""12121"气象声讯有需求的固话家庭，可考虑按照包月方式无限量拨打，从而将这部分用户作为气象声讯稳定的用户群体。嘉兴电信公司以前曾开展过针对家庭的固话包月套餐(2元/月)，但实际上却很难大范围推广开来，虽然经常拨打的用户需要包月套餐，但不经常拨打的用户的还是没有包月拨打的需求，所以，总体而言，虽然少部分用户稳定了，但是整个收益却下降了，结果是得不偿失。如果气象声讯服务能够和三大通信运营商的其他业务(如来电显示业务)捆绑2元包月套餐或者强制进入电话月租费等业务，那么嘉兴只需约40万(2元/月)稳定扣费用户，就有可能创造出一个新局面，这需要各大通信运营商打破常规，鼎力合作推广。

也可以探讨声讯与短信相结合的包月套餐业务，尤其是针对中国移动的庞大用户群体。

对于VIP用户，在灾害性天气或者突发天气来临前还可进行主动的外呼或者短信发出提醒。

4."96121"消费卡

和通信运营商联合推出印有"96121""12121"热线及气象短信服务宣传广告的消费充值卡(即刮即用)，这主要是为了提高"96121""12121"品牌和气象短信的知名度。

7.5.2 气象声讯营销方案展示

1. 嘉兴“96121”广告营销

(1)公交车广告营销方案

“96121”的认知度存在较大的上升空间，在提高认知度的基础上，拨打量也有可能出现30%以上的提升。因此对“96121”进行适当地宣传，提高知名度，从表面数据来看，是有助于提高其拨打量的。嘉兴气象部门曾对公交车“96121”广告营销方案做了可行性调研并逐步推进实现。

公交媒体优势：作为在城市生活中无处不在的公交车辆，时不时出现在我们的身边，这种不经意间的信息传播是我们无法避免与不可抗拒的，而且公交车的流动性强，在市区的主要干道上往返穿梭，线路固定且长，有突出反复宣传的效果，可增加气象声讯与短信的认识度，提高“96121”的拨打率和短信的定制率。公交车身广告画面面积比较大，图文并茂，制作精美，也非常贴近我们的目标群体，且公交车每天行驶在路上时间有12个小时以上，使得群众更多、更反复地接触到广告。

由此可见，公交车广告特点突出，优势明显，为了更全面、更有效、更低成本地宣传“96121”声讯业务，增强气象声讯的认知度，提高“96121”拨打率，可以考虑将气象业务的宣传结合嘉兴公交车身广告进行投放(图7.1)。

(2)私家车FM调频广告方案启示

2012年10月，嘉兴广电集团利用私家车开展了调频电台的广告宣传。通过在私家车尾部粘贴“调频FM104.1，调频FM92.2”等小字样宣传标语贴条，来达到宣传的目的。据了解，大概有500辆私家车参加了此次宣传活动，男女比例为3:2，87.4%的人来自城市，其中经商、自由职业者占到60%左右。投入的费用为10万元左右，通过3～6个月的持续开奖计划来实现贴条粘贴维持时间。

图7.1　公交车身“96121”广告示意图

如果参照此方案，在社会公开招募私家车主进行“96121”有关标语的宣传，也需要有一定的成本投入。但是如果在气象部门内部进行广告宣传标语的粘贴，不但可以减少成本，而且可以增加气象部门干部职工对单位事业的贡献，除了汽车广告局部喷绘（不影响汽车整体外观）、对职工的适当补偿（有利于提高气象部门职工介入“96121”宣传的积极性）外，不会有其他费用产生。据调查，嘉兴气象部门全市私家车拥有量为150辆左右。由于气象部门职工上下班与出行路径各不相同，对于提高“96121”的知名度应该有较大的帮助。

2. 台州“96121”广告宣传

（1）细节着手，持久宣传

据调研，台州市气象局对“96121”的宣传工作长抓不懈，多年来在与通信公司的沟通中，总是突出强调气象声讯的社会效益，使各通信公司在宣传业务中都有气象声讯的一席之地，营业前台、宣传册子、网站等积极进行宣传。特别是电信公司更是设计了醒目位置标有天气预报的一键按钮电话机、"96121"图案鼠标垫、纸巾等宣传品。台州市气象局则利用气象电视栏目、报纸气象节目专栏、网站等各种宣传场合不断进行宣传，还策划制作了气象信息宣传样张，下文要求各县气象局配合宣传，并尽可能利用电视、网站、报纸、显示屏等进行宣传。近年来，台州市气象局还制作了气象短信订制方式和涵盖"96121"内容的展板，印制相应卡片在防台风日进行宣传发放，同时在纸巾、雨伞等宣传品上进行宣传，以润物无声的方式让公众接近"96121"。

(2)积极开拓，寻求市场，实现"96121"外呼、声讯短信互动

据调研，2008 年台汛期间，台州市气象局联合联通公司建立了外拨平台，首次推出"96121"外呼，对未曾使用过"96121"的手机用户，自动拨送天气预报，变被动为主动，效果良好，特别是在灾害性天气来临时，用户回拨更加积极。之后每年都适时进行外拨，激活用户，并在电信公司也建立此平台，拓宽了"96121"推广的新路子，同时也向更多的人宣传了"96121"。

台州气象部门也会适时在气象短信中提醒用户拨打"96121"。例如，在天气出现转折时，编写天气变化内容，提醒详情请拨"96121"的短信让各通信公司向非气象短信订制用户群发，在让公众得到天气提醒的同时，更多地感知"96121"。特别是在台汛期，针对不同的台风影响，采取不同的群发力度提醒公众注意，同时会植入拨打"96121"收听详细动态的用词，透过一个个台风影响时的高拨打量纪录，显示了实时宣传的成效。

3. 丽水气象声讯宣传营销

(1)多角度扩大宣传

在丽水广播电台开展"96121"声讯电话的宣传，设置生动的广

告宣传语介绍“96121”声讯信箱主要内容及信箱结构，提高用户的拨打欲望。在电视台的气象栏目的空闲版面中植入“96121”宣传广告，扩大“96121”号码的知名度。

每旬初在“96121”开设旬预报信箱，并在当天的定制用户短信中植入拨打“96121”收听详情的广告信息。

丽水气象网站专门开辟栏目详细介绍“96121”的内容和信箱结构，不定时地在气象热点等栏目的天气趋势预报后面引入“需要及时了解天气信息请拨‘96121’”的宣传词。丽水气象局也曾联合移动公司做了两年的公交车宣传广告，宣传“96121”声讯热线和气象短信的定制方法。

(2)特色活动提高知名度

2012 年和 2013 年，丽水都定制了一批印有“96121”宣传语的扇子和雨伞，还特别在扇子上印制了“96121”的信箱结构和气象短信的详细定制方法，该批小礼品用于气象部门组织和参加的一些社会活动(气象日活动及其他科普宣传)和会议的发放，取得了较好的社会效益和经济效益。

(3)融入短信主动宣传

有重大天气过程影响前及某些重要日子如高考、中考或重大节日前开设专题天气预报信箱，首先给定制短信用户发送宣传信息，同时联系运营商业务人员，在公众用户中选取部分群体发送宣传短信，短信内容概括了大概的天气情况，同时植入拨打“96121”收听详细动态的广告。

4. 各地市宣传营销图片展示

图 7.2—图 7.6 为浙江省及其部分地市气象声讯“96121”宣传营销图。

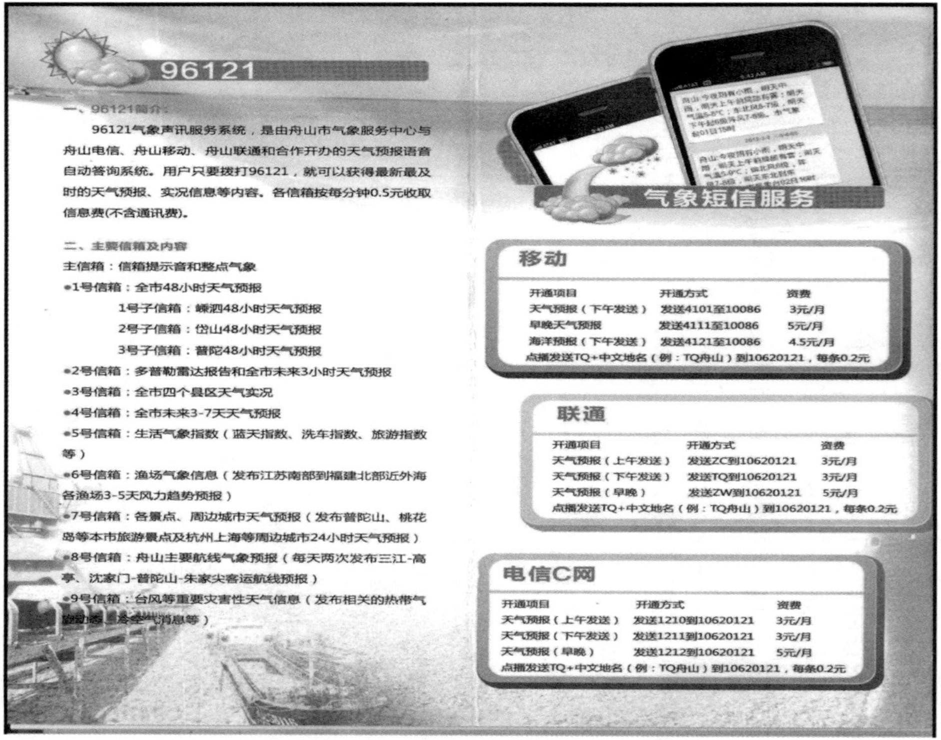

图7.2　浙江省气象声讯“96121”宣传营销图

图 7.3　台州气象声讯电话宣传营销图

图 7.4　台州气象声讯“96121”宣传营销图

图 7.5　浙江联通气象声讯“96121”宣传营销图

图 7.6　气象声讯“96121”宣传营销图

参考文献

白立英,王慧.2010.气象12121声讯系统在交通安全信息方面的拓展及整合.沙漠与绿洲气象[J],**4**(增刊):175-176.

长枫.2009.声讯业的盈利法则.法制与社会[J],(9):14-16.

陈燕,郭志勇,宰一鸣.2006."12121"声讯市场的统计分析及发展对策[J].河南气象,(3):16-17.

樊晓玲,向丽,王春辉,等.2012.汉中12121声讯电话拨打量分析[J].陕西气象,(6):41-43.

韩爱梅,韩龙,张继宏,等.2007.关于"12121"气象声讯服务工作的思考[J].山西农业科学,**35**(11):75-77.

韩秀兰.2011.东营市"12121"声讯电话影响因子分析及服务策略[J].科技博览,(34):508-509.

蒋显红,张敏英,魏良秀.2009."12121"气象声讯电话的信箱设置与服务对策[J].山东气象,**29**(2):66-67.

柯小玲.2004.浅析电话声讯服务行业的发展[J].特区经济,(11):193-194.

李华,刘海.2009.影响"12121"气象声讯电话拨打量的因素分析[J].山东气象,**29**(3):32-34.

李月英.2008.衡水声讯12121拨打特点简单分析[J].陕西气象,(1):23-27.

刘敏,刘春红,郭芳,等.2010.聊城市12121声讯气象服务影响因子分析及服务策略[J].山东气象,**30**(2):26-27.

刘于民,柳守煜,雷玄肆,等.2008.气象观测资料进"12121"的实现及其效益分析[J].科技广场,(1):204-206.

牛丽玲，刘昭武，王立静，等．2008．滨州市“12121”气象声讯电话的发展现状和服务策略[J]．山东气象，**28**(3)：49-51．

王庆余，娇玲玲，唐煜．2009．“12121”气象信息服务的独特优势[J]．黑龙江气象，**26**(2)：31-32．

杨宗波．2005．“12121”气象声讯服务状况分析及对策建议[J]．科技情报开发与经济，**15**(22)：220-221．

周亦平，吴杨，梁晓妮，等．2012．气象短信编辑手册[M]．北京：气象出版社，30-35．

附录A　浙江省气象服务中心气象声讯服务暂行规定

第一章　总则

第一条　为进一步规范浙江省气象声讯服务业务发展，更好地为社会公众提供丰富、实时、分类、高频度的气象声讯信息，发挥气象声讯服务电话在重大灾害性天气短时临近预报服务中的作用，根据国家相关法律法规及中国气象局相关业务规定，结合浙江省气象声讯的实际情况，特制定本业务规定。

第二条　气象声讯服务是以移动电话网为传播媒体，以自动答询的方式为社会各界提供的气象信息服务。公众通过手机或固定电话，按照提示语音信息按键操作，就可以第一时间接收到最及时的分类气象信息。

第三条　本办法对浙江省气象服务中心气象声讯服务的基本原则、工作流程、语音信箱和内容设置、运行维护、宣传推广等工作提出基本任务和要求，气象声讯服务运行和管理单位应统一遵照执行。

第二章　气象声讯服务的原则

第四条　气象声讯服务遵循的基本业务原则

（一）准确性原则。要按照各级气象台站实况信息和预报预测业务产品加工制作声讯服务产品，要能准确反映天气实况和预报结论，准确体现气象要素对各类指数、专业服务的影响。

（二）及时性原则。根据最新预报预测业务产品或天气形势变化，及时更新或修正气象声讯服务产品，保证公众通过气象声讯服务及时获知最新气象信息和各类服务信息。

（三）一致性原则。不同平台拨打同一地区同一时刻的气象声讯电话所听到的服务内容须一致，不能因拨打地点、拨打方式等不同而出现差异。

（四）实用性原则。用词力求准确、简洁、完整、通俗，便于公众理解，避免出现歧义和混淆，提高气象声讯服务产品的应用性。

第五条 气象声讯服务业务责任主体。按照属地化、信息一致性要求，各县（市、区）气象局是本地声讯信箱和市级涉及本地分信箱服务内容的主体单位，具体负责本地声讯信箱和市级涉及本地分信箱内容业务制作。

第六条 禁止利用气象声讯服务发布任何与气象服务无关的信息内容或含有淫秽色情、封建迷信等不良内容的信息，不得含有损害人民群众身心健康的内容，不得欺骗用户，损害气象声讯服务的信誉。

第三章 气象声讯服务的工作流程

第七条 制作流程

（一）声讯信息编辑人员每天应严格依据气象台最新发布的短时、短期、中期天气预报，以及上下班天气等加工制作各类声讯信息，并及时发布。其中气象热点、气象万千等可适当加入当时社会热点、与当时天气有关的生活小常识等，在保证信息正确的前提下用语尽量通俗、灵活。

（二）由各县（市、区）气象台制作的声讯信息，工作人员需认真检查信息的发布时间、预报内容等，保证信息内容的正确性。当发现问题时尽快与当地气象台联系，并及时修改声讯内容。

（三）当工作人员发现声讯信息内容出现问题时应随时进行更正修改。

第八条　审核流程

对声讯信息内容的审核把关是进一步提高气象声讯服务质量和水平的一个不可或缺的环节。在声讯制作流程中应设立审核机制，审核人员依据声讯信息的各项规定对已加工完成的声讯产品进行审核，仔细监听，严格把关，确保声讯电话信息内容正确无误。

第九条　反馈工作流程

（一）为提高气象声讯电话的服务质量，工作人员应定时对每月或每季度各信箱拨打率进行统计分析，不断进行总结分析、提出合理化建议，适时根据拨打率情况对信箱进行调整，以提高声讯的拨打率和气象声讯服务的经济效益和社会效益。

（二）声讯电话运行单位还应增加声讯电话反馈分信箱或工作人员主动通过电话、Email（发送调查问卷）等形式对拨打用户进行回访，及时收集用户对气象声讯服务的意见和建议，并向各有关单位提交反馈意见，针对用户的不同需求，制定气象声讯服务改进的方案或建议。

第十条　声讯服务出现故障和错误时的处理流程

（一）当发现声讯电话拨打出现故障（占线、延时、信箱号不统一等）时，应联系负责问题的技术人员，出现的问题及时由服务中心技术部门或运营商解决，保证尽快恢复正常状态。

(二)当声讯信息的发布时间或内容等出现错误或有歧义时，需由声讯内容的编辑人员及时修改和订正。

(三)当声讯信息中预报内容与实况明显不符时，应联系各市、县声讯信息编辑人员在第一时间对预报内容进行修改。

第四章　声讯电话的语音信箱和内容设置

第十一条　声讯电话的语音设备性能要有保证，计费系统应准确且稳定，语音库的词条应丰富、清晰、连贯。声讯信息内容的语音转换一般应使用标准普通话，除特殊情况外一般不得使用方言和其他国家语言。

第十二条　气象声讯服务信箱引导语要符合通信、物价管理部门的规定要求，不得出现不合理收费现象，引导语要介绍分信箱的设置情况，体现告知引导属性。

第十三条　当本级气象台站发布气象灾害预警信号时，应简化引导语，在第一时间播发气象预警信号提示语(非预警信号具体内容)。提示语如下：××气象台已于今日××时××分发布××预警信号，请密切关注。

第十四条　分信箱设置

(一)以下四类信息统一设置为分信箱前4个信箱：本级(全市或本县区，下同)短期天气预报、短时天气预报(3小时)、天气实况、3～5天(或4～7天)天气趋势预报。

上述信箱名称可根据当地公众习惯命名，次序可根据当地实际需求确定，但同一设区市范围内市、县级同一类内容其信箱排序应一致。

(二)上述市级4个信箱中，其内容如仅为市区内容而未含下属县(市、区)内容,则应在市区内容结束后提醒可继续收听下属县(市、区)信息的引导。具体方式为数字加县(市、区)名。

例如:绍兴市区14时天气实况,气温25.6℃,东南风2级。如需了解本市其他县(市、区)天气实况请继续选择:1上虞,2嵊州,3新昌,4诸暨,5绍兴县。

(三)上述4个信箱内容要求

(1)短期天气预报:应包括制作发布单位、制作发布时间、分时段天气状况、气象要素预报(降水性质与量级、最高气温、最低气温、风力),以及下次更新时间等。其中分时段天气有转折时,须表述转折时段,如:明天白天晴到多云,下午起转阴有小雨;分时段天气预报内容一致时,可连贯表述,如:今天到后天,全市晴到多云……

(2)短时天气预报(3小时):应包括制作发布单位、制作发布时间、天气状况、要素预报(降水性质与量级、气温、风力、能见度),以及下次更新时间等。

(3)天气实况:应包括制作发布单位、制作发布时间、当时次要素实况(降水量、气温、风力),以及下次更新时间等。各地根据需要可自行选择增加其他内容,如昨日天空状况、降水性质与量级(量值)、某一时段(昨日、今日到目前为止、前3小时等)最高气温、最低气温等、风力等。

(4)本级3～5天(或4～7天)天气趋势预报。应包括制作发布单位、制作发布时间、影响的天气过程、逐日天气状况、要素预报(降水性质与量级、最高气温、最低气温),以及下次更新时间等。各地根据需要可自行选择增加其他内容,如风力。

(四)其他分信箱设置一般应以满足当地防灾减灾、生产生活等需求为原则，充分体现地域特色和专业服务特点。各地可选择以下若干内容作为本级分信箱设置类别：上下班天气、周边城镇天气、旅游景点天气、农事天气、渔场天气（沿海风力预报）、交通气象（航线预报）、地质灾害预报（警）、森林火险等级、空气质量气象条件、节（假）日和重大社会活动气象专题信息等。

分信箱的设置也可适时根据用户对社会热点问题、汛期期间等特别关注的信息机动地进行气象声讯服务，如中高考天气预报、春运天气预报、高温路面温度预报、水库预报、农时农事预报等。建议拨打率高的就相对固定，拨打率低的作为机动信箱。

（五）分信箱不开展服务时，须及时在分信箱介绍中调整，禁止出现过时信息和空信箱。

第十五条　气象声讯电话的内容更新要求

（一）短时天气预报。每天08—20时内每3小时需更新一次，更新发布时间不得超过当次正点时间20分钟。

（二）短期天气预报。每天上午、中午、下午、晚上各更新一次，更新时间应分别不超过06时、11时、17时和22时。

（三）3～5天（或4～7天）天气趋势预报。每天11时前更新一次。

（四）天气实况。每小时更新一次。鼓励开展10分钟一次实况服务。

（五）遇重大灾害性天气时（如台风登陆、出现强降水等），应即时把滚动订正预报信息更新到短时天气预报、短期天气预报信箱。

（六）其他信箱内容更新时限根据该信箱内容类别确定，总体要求服务内容应在相应的服务时效内。

（七）在上述更新频次的基础上，可结合实际和天气气候业务发展，提高服务更新频次，提供更精细、准确的气象声讯服务。

第十六条　声讯信息的内容编辑要求

（一）涉及时间一律使用北京时。

（二）声讯信息内容编辑时可适当增加与天气有关的生活小知识或科普知识。

（三）当气象台站发布气象灾害预警信号时，声讯内容可涵盖相应天气可能带来的危害、防御指南等信息，提醒用户高度关注并及时采取防御措施，以达到防灾减灾的目的。

（四）声讯信息用词应使用通俗语言，尽量不出现气象专业术语，有利于用户理解，保证信息准确、完整，不含歧义、标准统一。如时间用语、地域用语、范围用语、天气用语应与气象台统一标准，各要素的单位要符合国家标准计量单位。

（五）内容尽量丰富，时长最好超过一分钟，部分科普类、热点类的信箱最好超过两分钟。

第十七条　决策气象服务、短期气候预测或业务尚未成熟的气象服务产品，以及未经批准发布的保密气象资料一般不得作为气象声讯服务中的发布内容。

第五章　气象声讯的运行维护

第十八条　气象声讯电话运行单位应设置工作专岗，明确岗位职责和任务，保证声讯电话的正常运行。

第十九条　气象声讯电话运行单位应确保系统安全（如防火墙、防病毒网关等），保证 24 小时的连续运行，一旦发现设备、网络故障，要及时解决，并及时将故障产生的原因、影响范围、处理过程和结果等情况上报本级气象声讯电话管理单位。

第二十条　为保证气象声讯信息内容的安全性，应对电脑和服务器设置IP密码或网络密码，网络用户名和口令注意保密，非本岗位负责人员不得随意更改声讯信息内容及信箱设置，避免气象声讯电话的信息内容出现错误。

第二十一条　气象声讯电话运行单位应制定业务应急预案，落实具体的应急联络单位和联系人，保障系统和网络的畅通。当遇到突发事件时（如设备突然断电等情况），要视情况及时启动相应的应急预案，并严格按照应急预案操作步骤实施。

第六章　气象声讯的宣传推广

第二十二条　为了提升气象声讯服务的社会认知度和拨打率，浙江省气象服务中心应通过气象短信、报纸、气象影视节目、网络媒体（浙江天气网、浙江天气官方微博等）及社会活动等多种渠道加大对气象声讯电话的宣传推广力度。

第二十三条　浙江省气象服务中心应在开展对外业务合作时积极将气象声讯电话作为气象服务产品推荐给特定用户，以提升气象服务热线的社会知晓度。

第七章　监管考核

第二十四条　服务中心应不定期对气象声讯服务工作进行检查督办，对相关人员进行培训和考核，不断提高相关业务人员的业务素质和管理水平，并做好行业及用户信息安全保密工作。

第二十五条　督促气象声讯各岗位人员认真履行声讯制作和管理职责，凡因信息气象声讯故障、信息失真或内容错误给服务对象造成损失的，应视情节轻重，追究有关负责人和直接责任人的责任。

附录B 浙江省气象服务中心“400”服务热线流程

中国气象局气象服务热线“400-6000-121”是中国气象局面向社会提供公益性气象服务的重要服务窗口，主要开展气象服务的问题解答、效果反馈、需求了解和投诉建议等客户服务工作。

气象服务热线人工受理时间为每日08:00到18:00(节假日不休息)，其他时间可以为用户提供电话录音和传真服务。

遵照《全国气象服务热线业务考核管理暂行办法》以及《气象服务热线服务用语规范》，以真挚的服务态度和专业的业务素养为用户做好服务。

一、业务流程

1. 气象服务热线语音导航

序号	业务种类	按键	电话流转	备注
1	服务咨询	1	流转到当地省热线平台	省级客服人员受理，也可根据需要人工转入国家级
2	建议与投诉	2	流转到国家级热线平台	

续表

序号	业务种类	按键	电话流转	备注
3	中国天气网客户服务	3	流转到国家级热线平台	
4	传真	4	流转到当地省热线平台	非工作时间只提供传真和留言服务
5	留言	5	流转到当地省热线平台	

服务咨询:用户拨打“400-6000-121”气象服务热线后,首先进入省级热线平台,业务包括服务咨询、业务咨询、产品查询、气象知识咨询、业务合作等各个方面。各受理业务要按类别详细填写工单。

建议与投诉:用户通过按键选择进入国家级热线平台,客服人员按照《中国气象局气象服务热线投诉处理管理办法》受理投诉业务;用户建议由国家级平台受理,并详细填写工单。

中国天气网客户服务:用户按键直接进入国家级热线平台,主要受理用户对中国天气网的咨询、建议、合作、投诉等业务,并详细填写工单。

留言和传真:用户通过按键选择进入省级热线平台,主要是在系统忙碌和非工作时间记录用户需求,以便客服及时解决并回复用户,并详细填写工单。

2. 系统工单分类

工单大类	工单子类	备注
咨询	业务咨询	有关业务、服务、产品等方面的咨询
	业务合作	与气象相关的合作咨询,包括科技服务
	气象知识	用户咨询气象相关知识
	历史资料查询	用户查询历史资料
	长期趋势预报	长期趋势预报咨询
	台风咨询	与台风相关的咨询
	海洋气象	海洋气象预报咨询
	交通预报	交通气象预报咨询
	其他	涉及其他方面的咨询
建议	气象服务	服务方面的建议
	预报预测	天气预报方面的建议
	气象观测	实况、雷达、卫星等观测产品的建议
	社会管理	气象系统外部发生的且与气象相关的用户建议
	其他	其他方面的建议
投诉	气象服务	服务方面的投诉
	预报预测	天气预报方面的投诉
	气象观测	实况、雷达、卫星等观测产品的投诉
	社会管理	气象系统外部发生的且与气象相关的用户投诉
天气预报查询		用户咨询天气预报生成的工单;同时积极主动引导用户采用其他方式("12121"、互联网等)查询

3. 工单撰写

工单名称

3.1　简要的阐述工单内容

工单内容

3.2　详细记录用户名称

3.3　详细记录来电时间(月、日、时)

3.4　详细记录来电省份和城市名称

3.5　详细记录咨询的问题

3.6　详细记录用户的需求

3.7　详细记录具体用途

3.8　详细记录用户满意度评价

处理结果

3.9　详细记录工单的处理结果

3.10　详细记录转交明细,并注明处理状态

勾选部分

3.11　工单类型

3.12　工单服务类型

3.13　处理进度

回访结果

3.14　对处理结果满意度回访

3.15　不定期对用户满意度进行回访

二、反馈机制

1. 常规天气信息咨询

1.1　有关天气实况、短期天气预报、各类专业天气预报等常规业务产品的咨询,经业务平台查询后立即答复。对于比较经常地拨打“400”电话的用户,可以建议、引导用户拨打“96121”“12121”气象声讯电话或者登陆“浙江天气”网站(www.zj121.com)。

1.2　有关中长期天气趋势、气候变化等气候问题,可反馈到相关部门,由相关部门工作人员答复。

1.3　有关历史资料、气象知识等信息的咨询，如果无法立即做出回答的，可以告知回复时间，待向相关人员或通过业务平台获得问题的答案后，在约定时间之前主动拨打用户电话回复。

1.4　有关业务合作的咨询电话，可记录相关内容，向有关领导汇报，如果约定给予回复的，要主动拨打用户电话进行回复。

2. 用户留言和建议

2.1　对于气象服务方面的建议，记录相关内容，并对用户的来电表示感谢，对用户对气象工作的支持表示感谢。对于有建设性的意见建议，应定期梳理，及时整改。

2.2　对于天气预报方面的建议，记录相关内容，并对用户的来电表示感谢，对用户对气象工作的支持表示感谢，同时可以向用户积极普及有关天气预报预警方面的科普知识、科技知识等，让用户更进一步地理解气象工作。对于合理的意见建议，可以向相关部门或相关领导进行反馈。

3. 用户投诉

3.1　对于用户的投诉要做好记录，耐心处理。

3.2　针对投诉内容，向相关部门或领导进行反馈。

3.3　如约定回复的，应在投诉处理之后主动回复。

附录C　浙江省常用天气用语规范

C1　本省常用规范地域名称

浙北地区：指嘉兴、湖州、杭州、绍兴、宁波、舟山六市所辖各县（区）。

浙中地区：指金华、衢州、台州三市所辖各县（区）。

浙南地区：指温州、丽水两市所辖各县（区）。

浙东地区：指东经120度以东的本省东部地区（近似地为杭州、丽水一线以东的地区）。

浙西地区：指东经120度以西的本省西部地区（近似地为杭州、丽水一线以西的地区）。

浙江沿海地区：指北起宁波市北仑区，南至温州市苍南县之间有海岸线的沿海各县、市。

浙江沿海海面：指浙江海岸线（含舟山本岛海岸线）外伸100千米范围内的海面。

浙北沿海海面：指象山港以北的浙江沿海海面。

浙中沿海海面：指象山港以南至石塘之间的浙江沿海海面。

浙南沿海海面：指石塘以南的浙江沿海海面。

东南沿海地区（浙江省）：指温州市所辖各县（区）和台州市灵江以南部分。

西北山区：指湖州、杭州两市所辖的山区。

西南山区：指衢州市所辖衢州以西各县和丽水市城区以西部分。

西部山区：指浙西地区的山区。

钱塘江口和杭州湾：指钱塘江口和杭州湾的水面。

杭州湾两岸：指海宁、海盐、平湖三县(市)和绍兴、宁波两市辖区内萧甬铁路以北的地区。

杭嘉湖地区：指杭州、嘉兴、湖州三市辖区内平原水网地区。

宁绍平原：指浦阳江、曹娥江、甬江三江的下游三角洲平原地区。

温黄平原：指灵江、欧江、飞云江三江的下游三角洲平原地区。

金衢盆地：指金华、衢州两市及该两市之间的平原地区。

天目山区：指临安、安吉之间的山区。

会稽山区：指浦阳江和曹娥江之间的山区。

四明山区：指曹娥江与甬江之间的山区。

括苍山区：指仙居、临海、黄岩之间的山区。

雁荡山区：指温州市辖区内的山区。

内陆平原地区：指本省境内的平原山区。

江湖水面：指本省境内的江河湖泊的水面。

全省：指本省境内的陆地、江河湖泊的水面、沿海岛屿及沿海海面。

内陆地区：除沿海岛屿以外的全省其他地区。

其他地区：指除预报中指明的有关地域以外的本省所有地区。

杭州市区：指杭州市城区以及临近的萧山、余杭、富阳的部分地区。

C2 秋、冬、春最低温度预报用语

最低温度(℃)	预报用语	最低温度(℃)	预报用语
3～5	局部有霜或暗霜	－2～0	有薄冰
2～4/1～3	有霜	－3～－1/－4～－2	有冰冻
0～2	有霜冻	－5～－3	有冰冻或严重冰冻
＜0	局部有薄冰	＜－6/－6～－4	有严重冰冻

C3 降水量级标准

降水量级	12小时降水量(毫米)	24小时降水量(毫米)
小雨	0.1～4.9	0.1～9.9
小到中雨	3.0～9.9	5.5～16.9
中雨	5.0～14.9	10.0～24.9
中到大雨	10.0～22.9	17.0～37.9
大雨	15.0～29.9	25.0～49.9
大到暴雨	23.0～49.9	39.0～74.9
暴雨	30.3～69.9	50.0～99.9
暴雨到大暴雨	50.0～104.9	75.0～174.9
大暴雨	70.0～139.9	100.0～249.9
大暴雨到特大暴雨	105.0～169.9	175.0～299.9
特大暴雨	≥140.0	≥250.0
小雪	0.1～0.9	0.1～2.4
小到中雪	0.5～1.9	1.3～3.7
中雪	1.0～2.9	2.5～4.9
中到大雪	2.0～4.4	3.8～7.4
大雪	3.0～5.9	5.0～9.9
大到暴雪	4.5～7.4	7.5～14.9
暴雪	≥6.0	≥10.0

C4 风浪等级

级别	浪高(米)	名称
0	—	无浪
1	h<0.3	微浪
2	0.3≤h<0.8	小浪
3	0.8≤h<1.3	轻浪
4	1.3≤h<2.0	中浪
5	2.0≤h<3.5	大浪
6	3.5≤h<6.1	巨浪
7	6.1≤h<8.6	狂浪
8	8.6≤h<11.0	狂涛
9	h≥11.0	怒浪

C5 风力等级

风力等级	一般浪高(米)	最高浪高(米)
0		
1	0.1	0.1
2	0.2	0.3
3	0.6	1.0
4	1.0	1.5
5	2.0	2.5
6	3.0	4.0
7	4.0	5.5
8	5.5	7.5
9	7.0	10.0
10	9.0	12.5
11	11.5	16.0
12	14.0	